W0074621

Robert Winston

Das ist Leben!

Die spannende Welt der Biologie

DORLING KINDERSLEY

Dorling Kindersley
London, New York, Melbourne, München und Delhi

Programmleitung Jonathan Metcalfe
Programmmanager Liz Wheeler
Projektleitung Laura Buller
Cheflektorat Esther Ripley
Projektbetreuung Wendy Horobin
Redaktion Paula Regan, Scarlett O'Hara, Sam Atkinson
Bildredaktion Laura Robert-Jensen, Johnny Pau, Amy Orsborne, Poppy Joslin, Karen Self
Art Director Phil Ormerod
Herstellung Luca Frassinetti, Angela Graef

Fachliche Beratung Kim Dennis-Bryan

Für die deutsche Ausgabe:
Programmleitung Monika Schlitzer
Projektbetreuung Janna Heimberg
Herstellungsleitung Dorothee Whittaker
Herstellung und Covergestaltung Anna Ponton

Bibliografische Information der Deutschen Bibliothek
Die Deutsche Bibliothek verzeichnet diese Publikation in der Deutschen Nationalbibliografie; detaillierte bibliografische Daten sind im Internet über http://dnb.ddb.de abrufbar.

Titel der englischen Originalausgabe:
That's life

Übersetzung Dr. Andrea Kamphuis
Lektorat Dr. Barbara Welzel

ISBN 978-3-8310-2143-7

Printed and bound in China by Hung Hing

Besuchen Sie uns im Internet
www.dorlingkindersley.de

Heutzutage leben wir gesünder und länger als je zuvor. Möglich wurde das durch die Wissenschaft und die Erforschung der Welt um uns herum. Zwar ist unser Planet weit über 4 Milliarden Jahre alt, aber unsere Art, *Homo sapiens* genannt, gibt es erst relativ kurz. Die Werkzeuge, die es uns erlauben, große wissenschaftliche Fragen zu stellen – und manchmal sogar zu beantworten – haben wir sogar in nicht einmal 100 000 Jahren entwickelt. Heute können wir das Leben nicht nur untersuchen, sondern sogar kleine, einfache Lebensformen im Labor erschaffen.

Die vielleicht größte Frage, die Philosophen und Wissenschaftler beschäftigt, lautet: „Was ist Leben?“ Sie klingt so einfach und doch können wir sie noch immer nicht ganz beantworten. Wir wissen auch nicht genau, wann, wie und wo das Leben auf der Erde entstand und wie sich Menschen und andere Lebewesen im Einzelnen entwickelten. Ebenso wenig wissen wir, ob es in anderen Teilen des Universums – auf einem fernen Planeten – Leben gibt.

In diesem Buch wollen wir uns mit solchen Fragen beschäftigen und uns über alles freuen, was wir schon über unser Leben und all die Organismen wissen, die uns umgeben. Das ist ein faszinierendes Thema und ich hoffe, dass möglichst viele Leser die Lehre vom Leben – die Biologie – ebenso spannend finden wie ich.

Robert Winston.

ROBERT WINSTON

INHALT

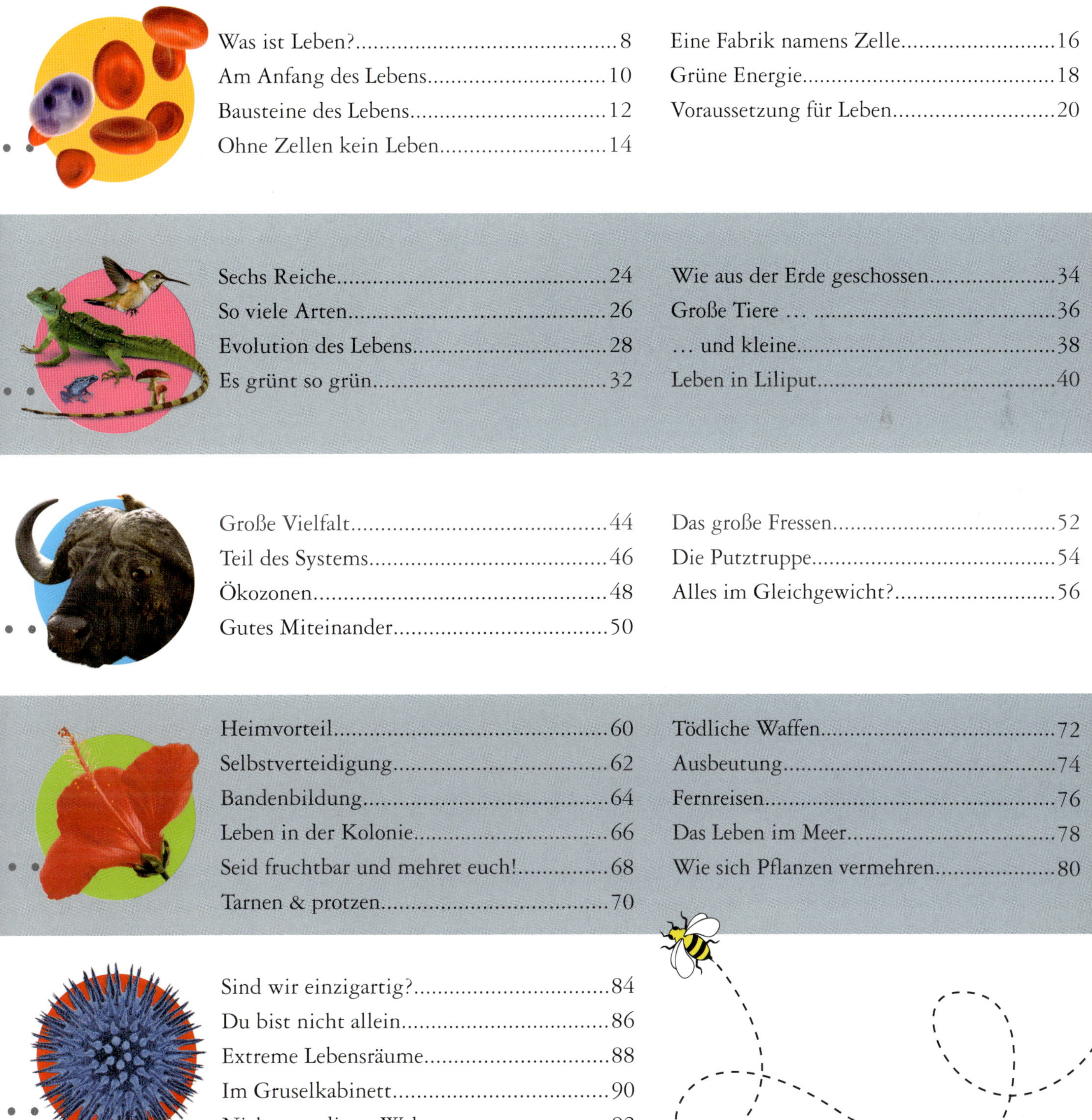

Was LEBEN *bedeutet*

Seit Jahrtausenden fragen sich Wissenschaftler und Philosophen: *„Was ist Leben?“*

Eine eindeutige Antwort hierauf haben wir genauso wenig wie auf die zweite große Frage: „WIE IST LEBEN ENTSTANDEN?“

Es gibt zwar Theorien, aber wie und wo alles anfing, *weiß niemand genau*. Sicher ist nur, dass die Erde 4,6 Milliarden Jahre alt ist, dass es seit 3,5 Milliarden Jahren einfache Einzeller gibt und dass das Leben seitdem *immer komplexer* wurde.

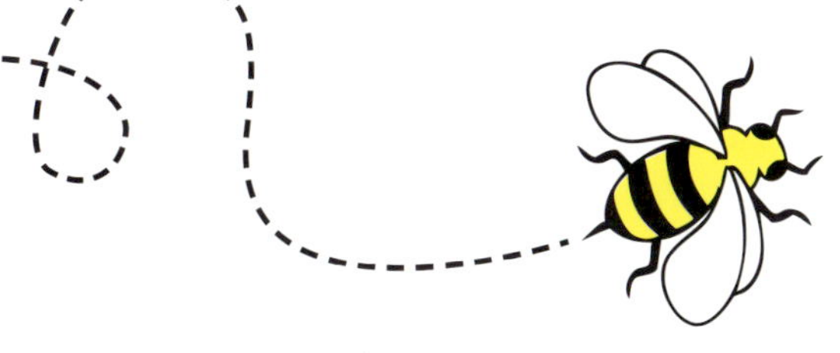

Was ist Leben?

„Was ist Leben?“ ist eine der schwierigsten Fragen der Welt und die Menschen denken seit Jahrtausenden über sie nach. Eine endgültige Antwort haben sie jedoch noch nicht gefunden.

ARISTOTELES

Der griechische Philosoph Aristoteles hat als einer der Ersten versucht herauszufinden, was das Besondere am Leben ist. Er hielt alles für lebendig, was wächst, sich selbst erhält und sich fortpflanzt. Das trifft tatsächlich auf fast alle Lebewesen zu: auf Tiere, Pflanzen und Pilze. Aber es gibt noch viele andere Dinge, die sich zwar so beschreiben lassen, doch die man normalerweise nicht für Leben hält: zum Beispiel Feuer oder Computerviren.

Ich BIN lebendig. Du TUST nur so!

Worin unterscheiden wir beide uns denn?

Die Wahrheit ist irgendwo da draußen …

Seit Aristoteles haben viele Menschen versucht zu definieren, was Leben ist, aber stets fehlt irgendein kleines Detail. Vielleicht finden wir erst heraus, was Leben ist, wenn wir es noch anderswo im Universum entdecken. Denn bisher können wir uns nur an unserem eigenen Planeten orientieren. Doch mittlerweile wurden auch im All einige „Zutaten" nachgewiesen, die unserer Vorstellung nach Leben möglich machen – es ist also denkbar, dass es da draußen ebenfalls Lebewesen gibt. Das Leben auf fremden Planeten könnte jedoch anders aussehen und funktionieren als bei uns. Wenn wir es entdeckt haben, müssen wir vielleicht ganz neu definieren, was Leben ist.

EIGENSCHAFTEN VON LEBEN

Wissenschaftler sind sich einig, dass *alle Lebensformen* Folgendes gemeinsam haben:

- Sie haben eine Gestalt (zum Beispiel einen Körper), deren Teile alle zusammenarbeiten.
- Sie nehmen Energie auf und verbrauchen sie.
- Sie wachsen, entwickeln und verändern sich.
- Sie pflanzen sich fort und vererben viele ihrer Eigenschaften.
- Sie reagieren beispielsweise auf Licht, Wind, Wärme, Wasser.
- Sie passen sich über viele Generationen an ihre Umwelt an.

Am Anfang

Wo und wie das Leben begann, kann niemand genau sagen. Wissenschaftler haben viele Theorien aufgestellt, aber die Erde veränderte sich während ihrer Entwicklung so oft, dass klare Beweise aus der Anfangszeit des Lebens verloren gingen. Leben könnte mehrmals entstanden und wieder eingegangen sein, bis die Bedingungen für ein dauerhaftes Überleben stabil genug waren.

Giftige Erde

Die Erde entstand vor etwa 4,6 Milliarden Jahren. Anfangs bestand sie aus heißer Gesteinsschmelze, umhüllt von giftigen Gasen und tödlicher Strahlung. Allmählich kühlte sie sich ab und eine Kruste entstand. Vulkane spien Gase aus dem Inneren aus und füllten die Atmosphäre mit Kohlenstoffdioxid, Stickstoff und Wasserdampf. Bei der Abkühlung kondensierte der Dampf zu Wasser – es regnete und Meere entstanden. Die Erde war immer noch ziemlich ungemütlich, aber bereit für das erste Leben.

CHEMISCHE BRÜHE

Das Leben begann vermutlich in den Meeren. Alle für Lebewesen wichtigen chemischen Elemente – Kohlenstoff, Wasserstoff, Stickstoff, Sauerstoff, Phosphor und Schwefel – gab es bereits damals in der Atmosphäre, wenn auch in anderen Mengenverhältnissen als heute. Blitze setzten chemische Reaktionen in Gang. So entstanden einfache Verbindungen, die in die Meere gespült wurden, wo sie sich zu größeren Molekülen verbanden. Einige davon entwickelten die Fähigkeit, sich selbst zu kopieren. Mit diesem Schritt begann die Entstehung des Lebens.

SCHUTZSCHIRM

In ihrem aggressiven Umfeld zerfielen die sich selbst kopierenden Moleküle leicht. Ein Typ von ihnen, ein Phospholipid, war jedoch fähig, Blasen zu bilden, die die empfindlichen „Kopiermoleküle“ umschlossen und abschirmten. Im Inneren konnten sich nun leichter neue Verbindungen bilden. Das waren die ersten Zellen: die Grundeinheiten des Lebens.

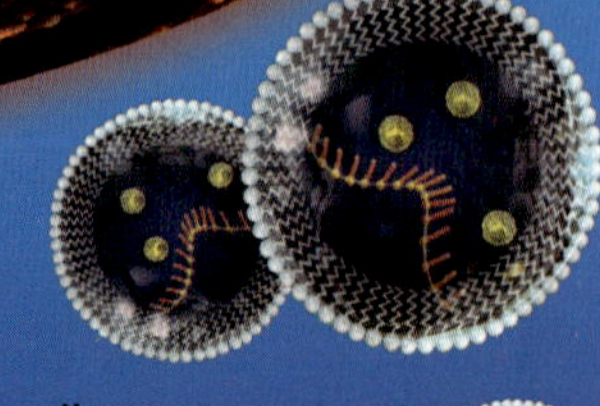

FRÜHE ZELLEN

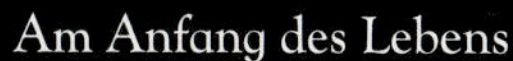

des Lebens

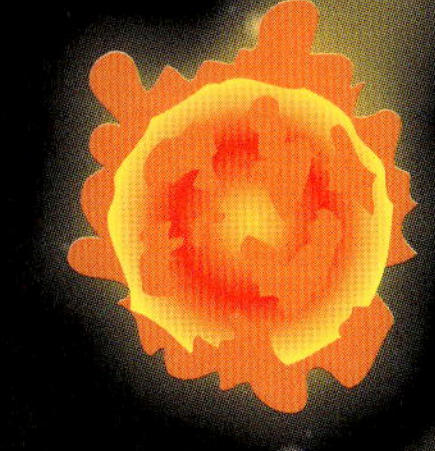

KAM DAS LEBEN AUS DEM ALL?

Möglicherweise stammen einige Verbindungen, die die Bausteine des Lebens bilden, aus anderen Teilen des Sonnensystems. In ihrer Frühzeit stand die Erde ständig unter Kometen-, Asteroiden- und Meteorbeschuss und Forscher haben in Meteoriten Zuckermoleküle und Aminosäuren entdeckt. Beide Substanzen sind Bestandteile von Proteinen – großen Molekülen, die für die Entstehung und Erhaltung von Zellen nötig sind.

METEOR-SCHAUER

TIEFSEESCHLOTE

Vielleicht liegt der Ursprung des Lebens auf unserem Planeten rings um Öffnungen im Meeresboden. Das heiße Wasser, das aus diesen hydrothermalen Quellen quoll, könnte die Energie für chemische Reaktionen zur Verfügung gestellt haben. Forscher haben an solchen Stellen Bakterien entdeckt, die von den Schwefelverbindungen leben, die diese Schlote ausscheiden, und weder Licht noch Sauerstoff brauchen. Ähnliche Bedingungen herrschten früher vermutlich an vielen Orten der Erde.

STROMATOLITHEN

URALTE FOSSILIEN

Die ältesten Beweisstücke für die Entstehung von Zellen sind versteinerte Strukturen, die wir Stromatolithen nennen und die durch die Mitwirkung von Mikroorganismen entstanden. Diese Fossilien sind etwa 3,5 Milliarden Jahre alt, aber Forscher glauben, dass es die ersten Zellen sogar schon vor 3,8 Milliarden Jahren gab. Diese Mikroorganismen spielten bei der Anreicherung der Atmosphäre mit Sauerstoff – einer wichtigen Voraussetzung, dass auch an Land Leben möglich ist – eine wichtige Rolle.

Bausteine

Ohne Chemie gäbe es kein Leben. Auf der Erde gibt es 92 natürliche Elemente, aus denen alle Dinge bestehen. Von diesen Elementen

KAPITÄN KOHLENSTOFF

KOHLENSTOFF-GERÜSTE

Kohlenstoff ist das wichtigste Element für das Leben auf der Erde. Es bildet Moleküle unterschiedlicher Gestalt – vor allem lange Ketten und sechseckige Ringstrukturen. Moleküle auf Kohlenstoffbasis werden als organische Verbindungen bezeichnet. Vier Typen solcher Verbindungen sind die Grundbausteine des Lebens: Kohlenhydrate, Lipide, Proteine und Nukleinsäuren.

Ohne mich geht gar nichts. Ich bin für alle Lebewesen ***absolut notwendig****!*

Im menschlichen Körper ist Kohlenstoff das ***zweithäufigste Element*** – nach Sauerstoff.

Proteine oder Eiweiße sind für Organismen lebenswichtig. Sie werden für den Aufbau der Zellen (die kleinsten lebenden Einheiten in den Organismen), zur Beschleunigung von Reaktionen sowie zum Molekültransport benötigt. Proteine sind große Moleküle, die aus kleineren Bausteinen, den Aminosäuren, bestehen. Von diesen gibt es mehr als 200 verschiedene, doch kommen in den Proteinen der meisten Lebewesen nur 20 vor.

Lipide sind schmierige oder wachsartige Verbindungen, zu denen die Fette und Öle gehören. Sie bestehen aus langen Ketten aus Kohlenstoff- und Wasserstoffatomen und bilden Membranen (die Hüllen der Zellen) und speichern Energie. Der menschliche Körper kann einige Lipide selbst herstellen, andere nimmt er mit der Nahrung auf. Sie stecken etwa in Speck, Butter und Speiseöl.

Kohlenhydrate bestehen aus Kohlenstoffringen, an denen Wasserstoff- und Sauerstoffatome hängen. Die einfachsten haben nur einen Kohlenstoffring – dazu zählen einige Zucker, die Energie liefern. Zucker sind in vielen Lebensmitteln enthalten, wie in Honig und Obst. Zu Kohlenhydraten aus langen, verzweigten Ketten mit vielen Ringen gehören Stärke und Zellulose, die in Pflanzen vorkommen.

Nukleinsäuren mit ihren Bausteinen, den Nukleotiden, enthalten die Anleitung, wie eine Zelle arbeitet und sich teilt – und für den Aufbau der Proteine und damit aller Lebewesen. Es gibt zwei Typen: RNA (Ribonukleinsäure) und DNA (Desoxyribonukleinsäure) – das „A" steht für *acid*, das englische Wort für Säure. DNA ist das wichtigste Molekül im Körper.

des LEBENS

sind 25 lebensnotwendig, wovon sechs das Grundgerüst aller Lebewesen bilden: Kohlenstoff, Wasserstoff, Sauerstoff, Stickstoff, Schwefel und Phosphor.

Der menschliche Körper besteht aus Hunderten verschiedener Kohlenstoffverbindungen.

DNA IST DAS A UND O

In jeder Zelle unseres Körpers findet sich DNA. Sie enthält die Informationen, die nötig sind, damit die Zellen ihre Arbeit tun und sich korrekt teilen. Diese „Bauanleitung“ steckt in einem Code, der aus vier Verbindungen besteht, den Nukleotiden. Sie unterscheiden sich in ihren „Basen“: Adenin, Cytosin, Thymin und Guanin. In der DNA ist stets Adenin mit Thymin verbunden und Cytosin mit Guanin. Alle Paare zusammen bilden eine verdrehte Strickleiter, die sogenannte Doppelhelix.

SELBSTVERMEHRUNG

Jedes Mal, wenn sich eine Zelle teilen muss, spaltet sich die DNA-Doppelhelix der Länge nach in zwei Einzelstränge auf. Jeder Strang dient als Kopiervorlage für einen neuen Gegenstrang, bis beide Strickleitern komplett sind. Ist dieser Vorgang abgeschlossen, gibt es zwei exakte Kopien der alten DNA.

HERSTELLUNG VON PROTEINEN

Die Zelle braucht ihre DNA, um Proteine zu bilden. Wird ein neues Protein benötigt, trennt sich der DNA-Abschnitt, der den Code für den Proteinaufbau beinhaltet, auf und es wird eine Kopie namens Boten-RNA oder mRNA angefertigt. Diese wandert in ein anderes Zellabteil, wo Proteine entstehen.

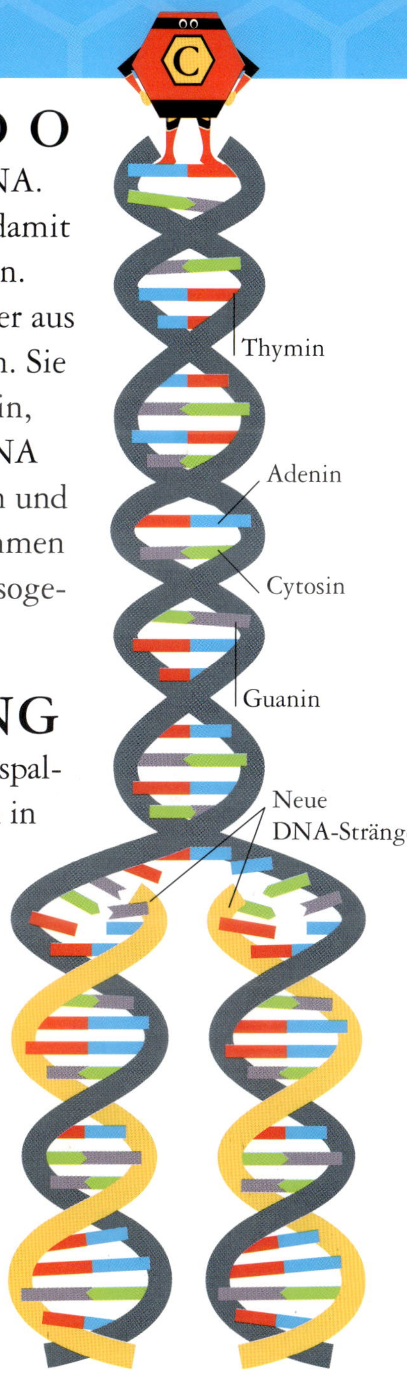

Wenn sich DNA teilt, ist jeder Strang eine Schablone für die andere Hälfte der neuen Doppelhelix. Dabei finden sich immer dieselben Basen zusammen.

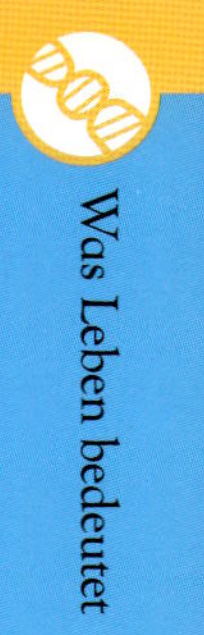

Ohne *Zellen* kein LEBEN

Die kleinste Grundeinheit des Lebens auf der Erde ist die Zelle. Die einfachsten Organismen bestehen nur aus einer einzigen Zelle, ein Mensch hingegen besteht aus ungefähr 100 000 000 000 000 (100 Billionen) Zellen.

Es gibt Millionen unterschiedlicher Zelltypen. Jeder kann Nährstoffe und somit Energie aufnehmen, bestimmte Aufgaben erfüllen und durch Teilung neue Zellen bilden.

ZELLSTRUKTUR

Es gibt zwei Typen von Lebewesen: Prokaryoten und Eukaryoten.

Eukaryoten

Eukaryoten sind Lebewesen mit komplexen Zellen, wie etwa Pflanzen, Tiere und Pilze. Ihre Zellen sind etwa zehnmal so groß wie einzellige Prokaryoten und haben kleine Abteile namens Organellen, die jeweils eine besondere Aufgabe erfüllen. Das wichtigste Organell ist der Zellkern, der die DNA enthält.

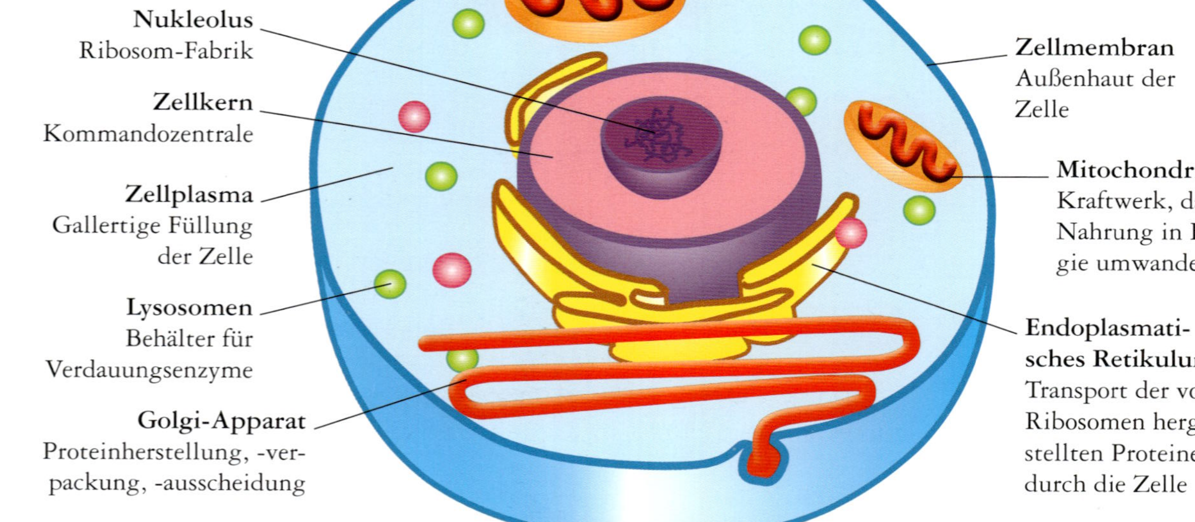

Prokaryoten

Prokaryoten wie Bakterien sind die ältesten Lebensformen der Erde und haben eine einfache Zellstruktur. Sie sind winzige Einzeller, ihre DNA treibt frei in ihnen herum. Manche Prokaryoten haben Flagellen: peitschenartige Fäden, mit denen sie sich fortbewegen.

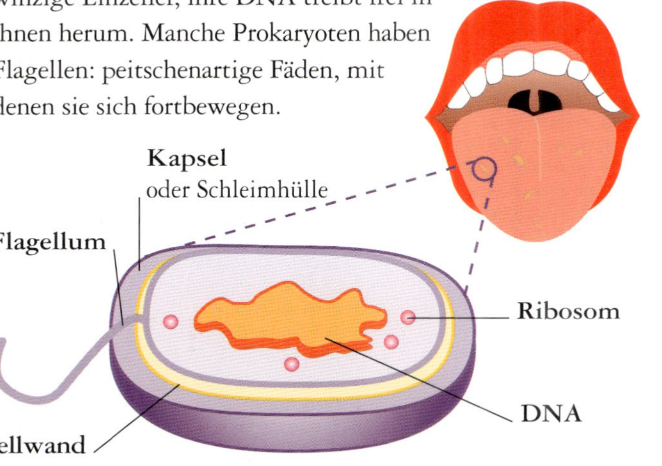
Kapsel
oder Schleimhülle
Flagellum
Ribosom
DNA
Zellwand

Pflanzen

Pflanzen sind Eukaryoten, aber ihre Zellen haben – anders als die von Tieren – feste Zellwände aus Zellulose. Zudem enthalten sie grüne Organellen namens Chloroplasten und große Wasserspeicherblasen, die Vakuolen.

Prall gefüllte Vakuolen geben den Zellen Halt. Bei Wassermangel verschrumpeln die Zellen und die Pflanze welkt.

Vakuole Wasser-, Nährstoff- und Abfallspeicher

Chloroplast Nährstoffherstellung in der Pflanzenzelle

Mitochondrium

Zellkern

Nukleolus

Endoplasmatisches Retikulum

Ribosom Proteinfabrik

Zellwand Feste Hülle um Pflanzen- oder Bakterienzelle

ZELLVERMEHRUNG

Ein Merkmal von Lebewesen ist die Fähigkeit zur Fortpflanzung. Zellen teilen sich auf zwei Weisen:

MITOSE

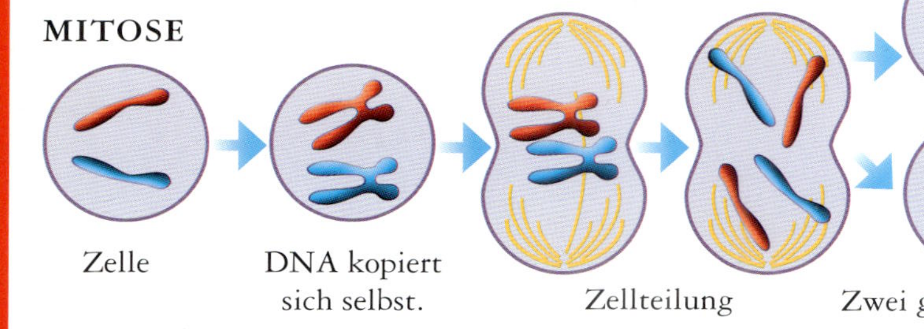
Zelle
DNA kopiert sich selbst.
Zellteilung
Zwei gleiche Zellen

MEIOSE

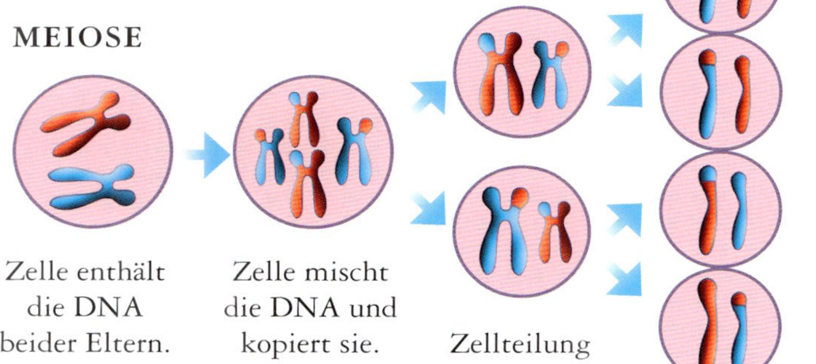
Zelle enthält die DNA beider Eltern.
Zelle mischt die DNA und kopiert sie.
Zellteilung
Die Zellen teilen sich erneut, sodass vier Zellen entstehen, die sich genetisch von den Eltern und voneinander unterscheiden.

Prokaryotische Einzeller und die Körperzellen von Eukaryoten verwenden eine Methode namens **Mitose**. Die DNA der Zelle verdoppelt sich und ordnet sich dann an der Zellmitte an. Die Zelle schnürt sich ein, teilt sich und jede Hälfte erhält einen Satz der DNA-Moleküle. Dabei werden auch die Organellen so aufgeteilt, dass jede Tochterzelle überleben und weiterarbeiten kann. Der Vorgang führt zu zwei genetisch identischen Zellen.

Höher entwickelte Eukaryoten pflanzen sich durch **Meiose** fort, bei der Ei- und Samenzellen entstehen. Kurz vor ihrer Teilung mischt die Zelle ihre DNA, sodass jedes Erbmolekül Codestücke von beiden Eltern enthält. Danach teilt sich die Zelle in vier neue mit jeweils einem einzelnen DNA-Satz. Bei der sexuellen Fortpflanzung verschmelzen dann zwei solcher Zellen, sodass wieder ein doppelter Satz entsteht. Von da an vermehrt sich die Zelle wieder durch Mitose.

Eine FABRIK namens Zelle

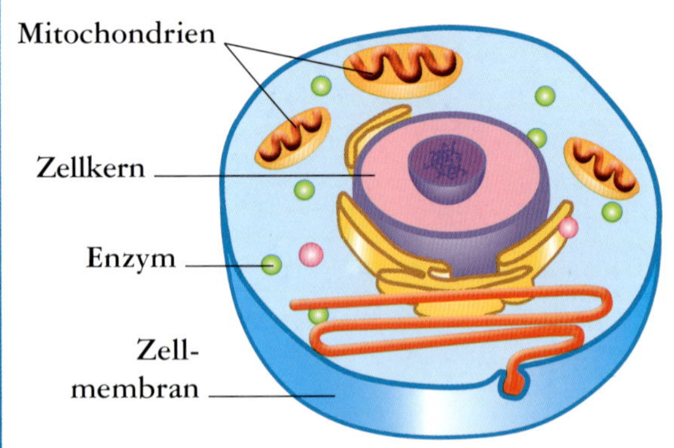

Die Zellen in unserem Körper sind wie winzige Fabriken. Hier finden jede Sekunde Tausende chemischer Reaktionen statt, um uns mit der Energie zu versorgen, die wir zum Wachsen, Atmen, Bewegen und Denken brauchen.

ZELLMEMBRAN

NAHRUNGSVERARBEITUNG

ENZYME sind der Motor einer Zelle. Selbst in einem kleinen Bakterium halten etwa 1000 verschiedene Enzyme unermüdlich chemische Reaktionen in Gang, bei denen Moleküle gespalten oder zusammengefügt werden.

Enzyme sind Proteine, die dank ihrer jeweiligen passgenauen Form je eine spezielle Reaktion zügig ausführen können. Enzyme werden nach den Verbindungen benannt, die sie verarbeiten. Dies hier ist eine Maltase.

Die Maltase ist ein Enzym, das einen Zucker namens Maltose spaltet.

Das Maltose-Molekül passt genau in das Enzym, das die zentrale Bindung aufbricht.

So entstehen zwei Glukose-Moleküle, die wieder an die Zelle übergeben werden.

Ein Maltase-Molekül kann pro Sekunde ***1000 Maltose-Moleküle*** spalten.

ENERGIEGEWINNUNG

Eine der wichtigsten Aufgaben von Enzymen ist, die Zelle mit Energie zu versorgen. Eine ganze Reihe von Enzymen ist für einen Vorgang namens Glykolyse zuständig, bei dem Glukose umgebaut wird: Ein Molekül Glukose ergibt zwei Moleküle eines Stoffs namens Pyruvat und zwei energiereiche Moleküle namens Adenosintriphosphat (ATP). Das ATP wird teils gespeichert, teils mit dem Pyruvat in die Mitochondrien verfrachtet.

Glykolyse heißt wörtlich ***„Zuckerauflösung“.***

Der menschliche Körper erneuert

KOMMANDOZENTRALE

Einen ZELLKERN gibt es nur in eukaryotischen Zellen. Er dient als Kommandozentrale, die Botschaften mit anderen Zellen austauscht und entscheidet, wie die Zelle arbeitet. Er steuert auch das Wachstum und die Teilung der Zelle. Der Bauplan für die Zelle, ihre DNA, wird im Zellkern aufbewahrt und die DNA ist zu Knäueln namens Chromosomen zusammengewickelt. Ein Chromosomenabschnitt, der die Bauanleitung für ein bestimmtes Protein enthält, wird Gen genannt. Menschliche Zellen enthalten etwa 30 000 Gene, die auf 46 Chromosomen verteilt sind.

Muss die Zelle ein Protein herstellen, so wird der entsprechende DNA-Abschnitt auseinandergewickelt und kopiert.

ATP-MOLEKÜL-SPEICHER

WEG ZUM REST DER ZELLE

Ohne ATP kann eine Zelle nicht arbeiten. Es hilft beim Transport von Stoffen durch die Zellmembran, liefert Energie für alle möglichen Prozesse und ist ein Kontrollschalter für chemische Reaktionen. Die Energie wird durch Abspaltung seiner Phosphatgruppen freigesetzt. Jede Zelle enthält 1 Milliarde ATP-Moleküle, die ständig verbraucht und wieder aufgebaut werden.

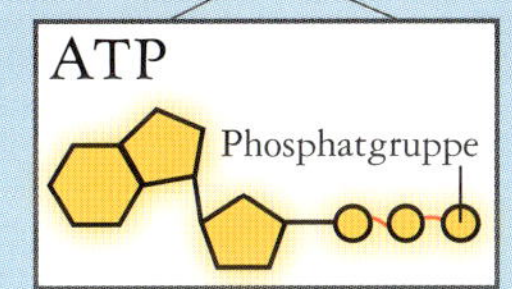

Phosphatgruppen

ZELLMEMBRAN

LIFT ZUM ATP-SPEICHER

ZU DEN MITOCHONDRIEN

In den Mitochondrien durchlaufen die Moleküle weitere Reaktionen, den sogenannten Zitronensäurezyklus, bei dem Pyruvat in Kohlenstoffdioxid und Wasser zerlegt und noch mehr ATP erzeugt wird.

SPEZIALZELLEN

Der menschliche Körper enthält etwa 200 Zelltypen. Einige lagern sich zu den Geweben zusammen, aus denen unsere Organe wie Gehirn, Herz, Haut oder Lungen bestehen. Innerhalb dieser Gewebe gibt es hoch spezialisierte Zellen, die besondere Aufgaben erfüllen, wie Blutkörperchen, Haar-, Fett-, Knochen- und Pigmentzellen sowie in den Augen Zellen für das Farb- und das Schwarz-Weiß-Sehen.

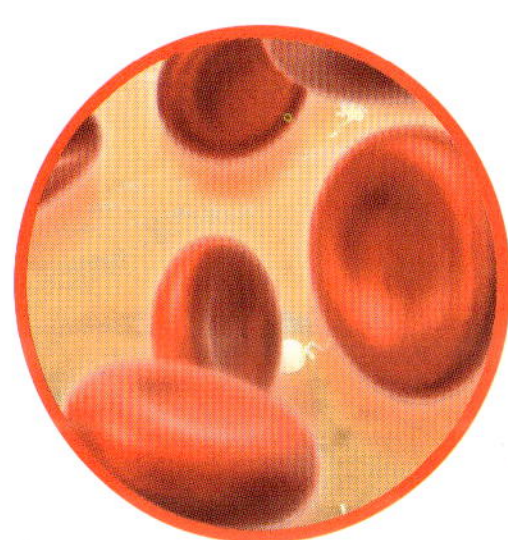

ROTE BLUTKÖRPERCHEN transportieren Sauerstoff und Kohlenstoffdioxid durch den Körper. Sie leben etwa 120 Tage.

NEURONEN oder Nervenzellen übertragen Signale von und zu allen Körperteilen. Manche werden 1 m lang.

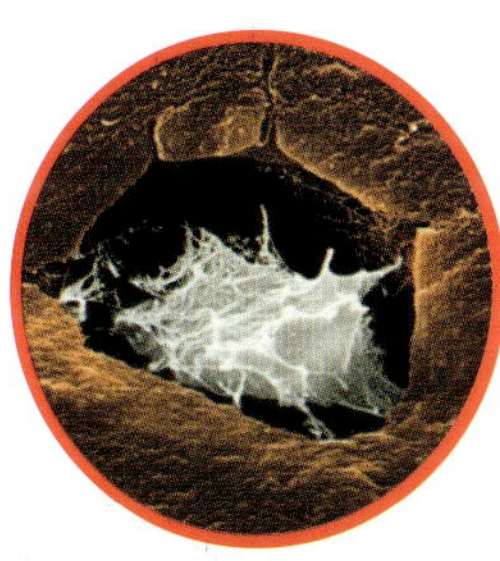

KNOCHENZELLEN entstehen im Mark großer Knochen. Wenn sie reifen, werden sie hart und verleihen dem Knochen Stabilität.

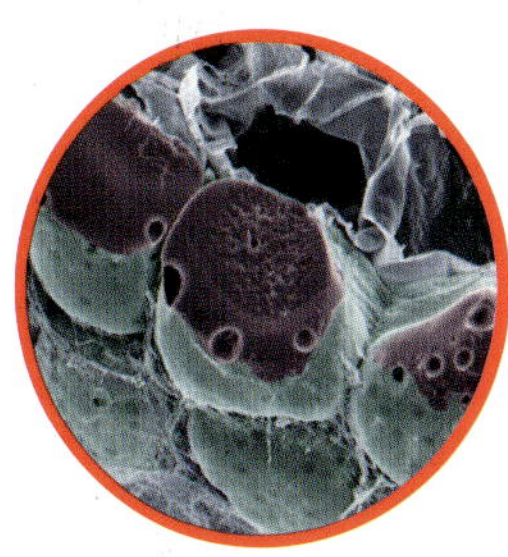

FETTZELLEN speichern Energie und isolieren den Körper gegen Wärmeverluste. Sie sitzen vor allem unter der Haut und rings um die wichtigsten Organe.

pro Stunde ***1 Milliarde Zellen.***

Grüne ENERGIE

Auch Pflanzen benötigen Nahrung, um zu wachsen und zu überleben. Anders als Tiere gehen sie aber nicht auf Futtersuche, sondern machen sich ihre Nährstoffe selbst, und zwar durch Fotosynthese. Dazu brauchen sie Kohlenstoffdioxid, Wasser und Sonnenlicht.

VON DER SONNE LEBEN

Die Sonne ist die Quelle der Energie, die alle Organismen zum Leben benötigen. Diese Energie erreicht die Erde in Form von Sonnenlicht. Ein winziger Bruchteil davon wird von Pflanzen eingefangen und darauf verwendet, in ihren Blättern eine Reihe von chemischen Reaktionen, die Fotosynthese, zu betreiben. Dabei entstehen energiereiche Verbindungen, die gespeichert werden können: Zucker. Werden diese in den Zellen abgebaut, kann die freigesetzte Energie für wichtige Aufgaben genutzt werden. Auch Grünalgen und einige Bakterien betreiben Fotosynthese.

Die Batterien der Pflanzen

Die Reaktion, die Licht in Nährstoffe umwandelt, läuft in den Blättern ab. Das Zellplasma in den Blattzellen ist mit winzigen Gebilden namens Chloroplasten angefüllt. In diesen finden die Fotosynthese-Reaktionen statt. Chloroplasten enthalten ein grünes Pigment, das Chlorophyll, das den Pflanzen ihre grüne Farbe verleiht.

CHLOROPLASTEN

Im Inneren eines Blatts

Durch winzige Öffnungen an der Blattunterseite, die Stomata (Einzahl: Stoma), gelangt Luft ins Blattinnere. Luft enthält zwar nur 0,04 % Kohlenstoffdioxid, aber diese Menge reicht den Pflanzen, ihre Nährstoffe herzustellen. Das benötigte Wasser ziehen die Wurzeln aus dem Boden, durch den Stängel gelangt es in die Blätter.

BLATT-OBER-SEITE

STOMA

In 1 Quadratmillimeter Blatt gibt es

CHLOROPHYLL

Chlorophyll ist für Pflanzen lebensnotwendig, weil es das Sonnenlicht einfängt. Unter den Pigmenten von Pflanzen ist es das häufigste. Die anderen absorbieren andere Farben des Lichts, tragen aber zum Teil ebenfalls zur Fotosynthese bei.

Farbwechsel

Auf die dunkle Jahreszeit, in der es nur wenig Licht zur Fotosynthese gibt, bereiten sich einige Bäume und Sträucher dadurch vor, dass sie ihr Laub abwerfen. Zuerst wird das grüne Chlorophyll abgebaut und gelbe und orangene Pigmente treten hervor – und ist im Blatt noch Zucker vorhanden, wird er zur Herstellung roter, violetter und blauer Pigmente verbraucht.

Im Herbst verfärbt sich das Laub.

MELVIN CALVIN

So gewinnen Pflanzen Energie:

Kohlenstoffdioxid + Wasser + Licht = Glukose + Sauerstoff

Diesen Vorgang nennt man

FOTOSYNTHESE.

Der amerikanische Forscher **Melvin Calvin** entdeckte, wie die Dunkelreaktion der Fotosynthese funktioniert. Dafür bekam er 1961 den Nobelpreis für Chemie.

LICHT UND ...

Die Fotosynthese läuft in zwei Phasen ab: der Licht- und der Dunkelreaktion. Bei der Lichtreaktion fängt das Chlorophyll etwas Sonnenlicht ein, dessen Energie zum Aufbau von ATP genutzt wird, einem Molekül, das Energie durch die Zelle transportiert (S. 16–17). In dieser Phase werden Wassermoleküle aufgespalten, wobei Sauerstoff entsteht, der durch die Stomata an den Blattunterseiten in die Atmosphäre entweicht.

... DUNKELHEIT

Das gewonnene ATP wird in der Dunkelreaktion (auch Calvin-Zyklus genannt) benötigt, um Kohlenstoffdioxid und Wasser in Glukose umzuwandeln. Ein Teil der Glukose wird von den Pflanzenzellen für ihren Betrieb verbraucht. Der Rest wird zu einem größeren Mehrfachzucker namens Stärke zusammengefügt und so gespeichert. Bei Bedarf zerlegt die Pflanze die Stärke wieder in Glukose.

bis zu *800 000 Chloroplasten.*

Voraussetzung für Leben

Zum Leben brauchen Organismen relativ wenig: Energie, Wasser, Schutz und einen Lebensraum. Die meisten benötigen zudem Sauerstoff, Nährstoffe und Temperaturen, bei denen sie sich wohlfühlen.

ENERGIE

Ohne Energie könnten Lebewesen nicht wachsen und oder Stoffwechsel betreiben. Letztlich stammt alle Energie auf der Erde von der Sonne. Tiere können das Sonnenlicht nicht direkt nutzen, aber Pflanzen und ein paar andere Organismen wie Grünalgen können es absorbieren und in Nährstoffe umwandeln. Dann werden Pflanzen von Pflanzenfressern vertilgt und diese wiederum von Karnivoren (Fleischfressern) oder Omnivoren (Allesfressern).

WASSER

Alle Lebewesen benötigen Wasser, denn zum einen bestehen ihre Zellen größtenteils daraus und zum anderen können andere wichtige Stoffe ohne Wasser nicht in die Zellen oder aus ihnen heraustransportiert werden. Einige Organismen kommen allerdings mit sehr wenig Wasser aus – Wüstentiere und -pflanzen wie Kamele und Kakteen etwa. Sie können zudem Wasser speichern. Fische und andere Lebewesen verbringen hingegen ihr ganzes Leben im Wasser.

Trautes Heim,
Glück allein.

SCHUTZ

Die meisten Tiere suchen irgendwann in ihrem Leben irgendwo Schutz (S. 60–61) – sei es, um Raubtieren oder widrigem Wetter zu entgehen, in Sicherheit zu schlafen oder ihre Jungen zur Welt zu bringen, die ohne Schutz eingehen oder anderen Tieren zum Opfer fallen würden. Pflanzen hingegen können sich nicht verkriechen: Weil sie sich nicht fortbewegen können, mussten sie andere Wege finden, dem Wetter und Fressfeinden zu trotzen.

LEBENSRAUM

Jeder braucht Platz zum Leben und Wachsen – doch der Bedarf ist unterschiedlich. Bakterien können in winzigen Hohlräumen gedeihen, während ein Sibirischer Tiger ein Revier von etwa 300 km² benötigt, in dem er umherstreift. Herrscht Platzmangel, konkurrieren die Individuen einer Population um Nahrung, Wasser und Partner – und Krankheiten breiten sich leichter aus.

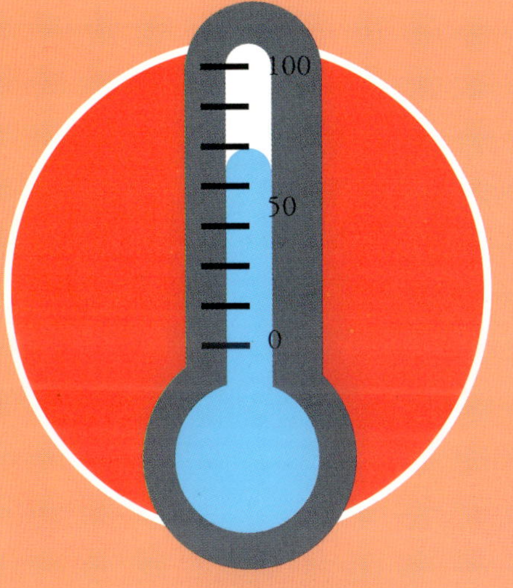

TEMPERATUR

Auf der Erde gibt es sehr unterschiedliche Klimazonen: In Äquatornähe ist es heiß, an den Polen eiskalt. Doch selbst unter diesen Extrembedingungen gedeiht noch Leben. In der Antarktis kann es bis zu −60 °C kalt werden, also viermal so kalt wie in einer Tiefkühltruhe. Trotzdem brüten Kaiserpinguine dort monatelang ihre Eier aus. In den nordafrikanischen Wüsten wird es dagegen bis zu 60 °C heiß, doch auch hier leben einige Tier- und Pflanzenarten wie Schlangen, Wüstenfüchse, Dünengazellen und Kamele.

NÄHRSTOFFE

Nährstoffe sind lebenswichtig. Mittels dieser chemischen Verbindungen bauen wir Körpergewebe auf und erhalten es, halten unsere Lebensfunktionen aufrecht und produzieren Energie. Tiere führen Nährstoffe mit der Nahrung zu. Pflanzen beziehen sie über Wurzeln und Blätter aus dem Boden und der Luft. Bakterien nehmen sie direkt durch die Zellmembran auf. Nährstoffmangel kann zu Problemen führen. Nehmen wir etwa zu wenig Vitamin C zu uns, können wir krank werden und Skorbut bekommen. Obst hilft da!

SAUERSTOFF

Alle Tiere benötigen Sauerstoff. Nur einige Bakterien können in sauerstofffreier Umgebung überleben, etwa in einem Kuhmagen. Fast der gesamte Sauerstoff in der Atmosphäre stammt aus der Fotosynthese, bei der Pflanzen Kohlenstoffdioxid aufnehmen, um Nährstoffe zu erzeugen. Der Sauerstoff, der bei diesem Vorgang entsteht, gelangt in die Atmosphäre. Die hübsche Blume auf dem Fensterbrett hilft uns also beim Atmen.

Die VIELFALT des Lebens

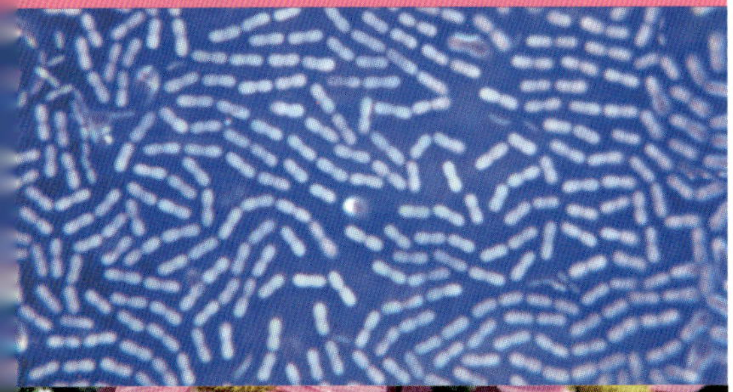

Die *ersten Lebewesen* waren nichts weiter als einzelne Zellen.

Woher kommen dann die ***8,7 Millionen Tier- und Pflanzenarten****, die neben uns auf der Erde leben? Und warum sind sie so unterschiedlich?*

Dahinter steckt eine Entwicklung, die **Evolution**: Seit Jahrmillionen entwickeln Lebewesen von Generation zu Generation neue *Merkmale und Eigenschaften,* die ihnen helfen zu überleben. Sie passen sich also ständig an ihre Umwelt an.

Sechs Reiche

BAKTERIEN

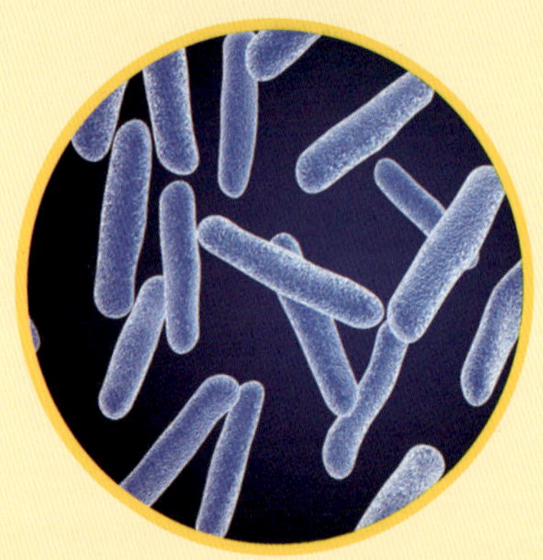

Organismentyp: einfache einzellige Bakterien
Verbreitung: weltweit

Bakterien können praktisch unter allen Umweltbedingungen leben. Zu ihnen zählen die Cyanobakterien, die einst den ersten Sauerstoff in die Erdatmosphäre freisetzten, aber auch Erreger von Krankheiten wie Typhus oder Cholera. Nützliche Bakterien verwandeln Milch in Joghurt oder klären verschmutztes Abwasser.

ARCHAEEN

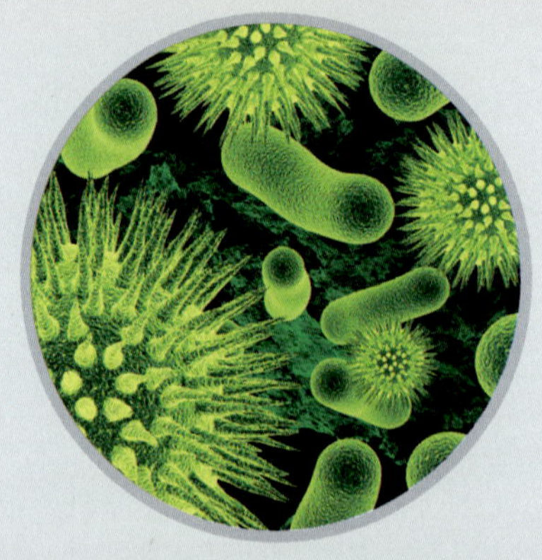

Organismentyp: einfache bakterienähnliche Einzeller
Verbreitung: extreme Lebensräume

Die Archaeen gehören wohl zu den ältesten Lebensformen auf der Erde. Sie können in extrem lebensfeindlichen Umgebungen überleben: in sehr heißem Wasser, radioaktiven Abfällen, Säure oder Lauge – also unter Bedingungen, wie sie vermutlich auf der jungen Erde herrschten.

PROTISTEN

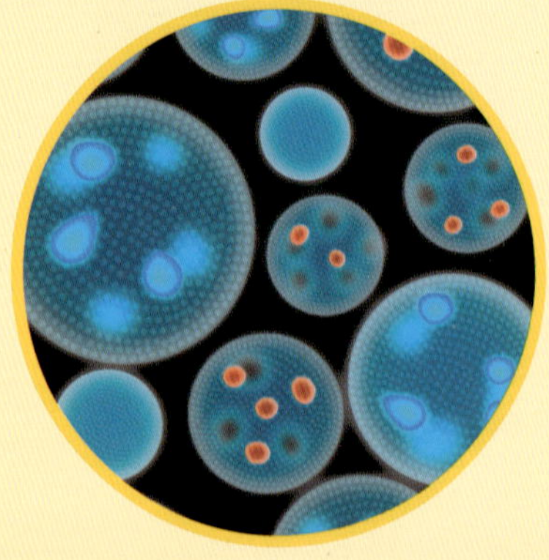

Organismentyp: Schleimpilze, Algen, Protozoen
Verbreitung: vorwiegend Salz- und Süßwasser, vereinzelt auch Festland

In diesem Reich sind unterschiedliche, nicht näher miteinander verwandte Organismen zusammengefasst, die weder Bakterien noch Archaeen, Pflanzen, Pilze oder Tiere sind. Es sind Einzeller – jedoch mit Zellkern. Sie stellen ihre Nährstoffe teils selbst her, teils leben sie von anderen Organismen.

Die Einteilung in Arten

Die Reiche sind sehr grobe Kategorien. Deshalb haben Wissenschaftler sie immer weiter in Untergruppen unterteilt, bis keine Gruppe, sondern nur ein einziger Organismentyp übrig war: die Art oder Spezies. Die Einteilung erfolgte gemäß der Ähnlichkeit der Organismen, also danach, wie viele Merkmale sie gemeinsam haben. Als Beispiel hier die Klassifikation der Löwen:

REICH	STAMM	KLASSE	ORDNUNG	FAMILIE	GATTUNG	ART
Tiere	*Chordatiere*	*Säugetiere*	*Raubtiere*	*Katzen*	*Panthera*	*Löwe*

Entsprechend ihren Verwandtschaftsbeziehungen haben Wissenschaftler alle Lebensformen in sechs große Gruppen eingeteilt: die Reiche. Früher kannte man nur zwei Gruppen – Tiere und Pflanzen –, doch als man die Mikroorganismen entdeckte, kamen weitere Reiche hinzu.

PILZE

Organismentyp: Hutpilze, Schimmelpilze, Hefepilze
Verbreitung: weltweit

Pilze wurden lange Zeit als Pflanzen betrachtet, bis Forschern auffiel, dass sie ihre Nährstoffe nicht selbst herstellen. Stattdessen beziehen sie ihre Energie aus dem Abbau der Überreste toter Pflanzen oder Tiere. Es gibt ein- und vielzellige Pilze. Sie stehen chemisch und genetisch den Tieren näher als den Pflanzen.

PFLANZEN

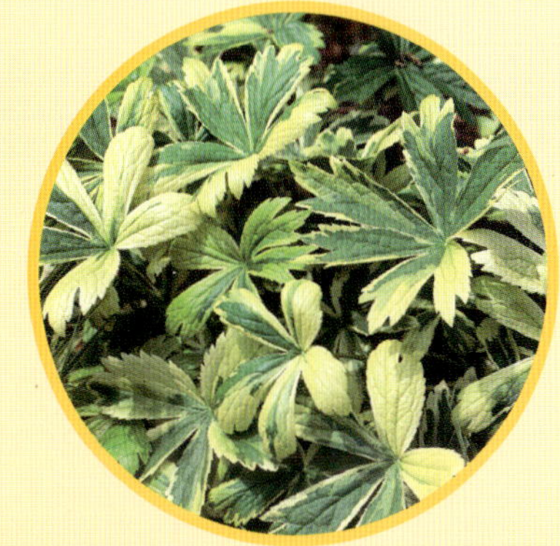

Organismentyp: Grünalgen, Moose, Koniferen, Blütenpflanzen
Verbreitung: weltweit, in den Polargebieten selten

Pflanzen sind komplexe, vielzellige Organismen, die ihre Nährstoffe selbst herstellen. Zu ihnen zählen winzige Moose ebenso wie riesige Bäume. Es gibt sie in den meisten Lebensräumen, auch in den Meeren, und sie sind es, die den Sauerstoff produzieren, den wir atmen.

TIERE

Organismentyp: Insekten, Fische, Säugetiere, Krebse, Reptilien, Amphibien
Verbreitung: weltweit

Dieses Reich umfasst ganz einfache Tiere, die weder Gehirn noch Rückenmark haben wie die Schwämme, bis hoch komplexe Säugetiere wie uns Menschen. Tiere können ihre Nährstoffe nicht selbst herstellen und müssen daher andere Lebewesen fressen, um zu überleben.

Hier sind wir:
König und Königin der Katzenfamilie.

So viele ARTEN

EVOLUTION UND VERÄNDERUNG

Dass es so viele Arten gibt, liegt an der Evolution, der allmählichen Veränderung von Lebensformen, die sich über viele Jahrmillionen erstreckt. Winzige Veränderungen im Aussehen oder Verhalten eines Organismus können diesem – gegenüber seinen Artgenossen – einen kleinen Überlebensvorteil verschaffen. Wenn sich Merkmale im Lauf der Generationen immer wieder ein wenig verändern, hat der Nachfahre irgendwann ganz andere Eigenschaften als sein Urahn. Dann gilt er als eine andere Art.

VIELLEICHT WERDE ICH MAL EIN ELEFANT!

MOERITHERIUM

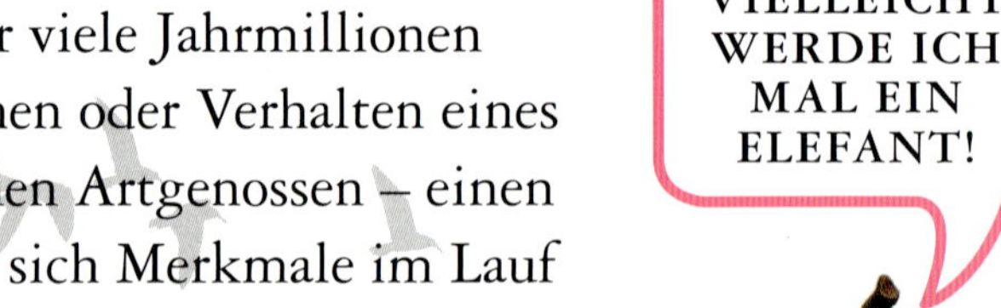

GOMPHOTHERIUM

Natürliche Auslese

Anpassung erlaubt einem Organismus, im Ökosystem eine Nische zu besetzen und zu nutzen. So können ähnliche Arten zusammenleben, ohne sich groß Konkurrenz zu machen. Beispielsweise können zwei verwandte Vögel nicht in demselben Baum leben, wenn beide dieselbe Nahrung brauchen. Hat aber der eine einen kurzen Schnabel, mit dem er Insekten fängt, und der andere einen langen zum Früchtefressen, können sie sich den Lebensraum teilen. Würden beide Insekten fressen, würde der Geschicktere den anderen bald verdrängen. Überlebt letztlich nur der am besten Angepasste, spricht man von natürlicher Auslese.

Spitzer Fruchtfresserschnabel

KAPPEN-NASCHVOGEL

Kurzer Insektenfresserschnabel

SCHARLACH-TANGARE

Ich wurde erst 2008 entdeckt und bin noch nicht getauft!

Dieser Frosch wird aufgrund seiner langen Nase vorläufig „Pinocchio“ genannt, bis er richtig klassifiziert ist.

Noch viel zu entdecken

Obwohl der Mensch bereits jeden Flecken Festland auf der Erde besucht hat, sind viele Orte noch nicht gründlich erforscht. Über die Meere weiß man noch weniger, weil die Tiefsee so schwer zu erkunden ist. Die Wissenschaftler glauben, dass es im Meer bis zu einer 1 Million Arten geben könnte, von denen wir bisher nur 20 % kennen.

Auf der Erde leben Millionen unterschiedlicher Arten. Tatsächlich gibt es so viele, dass wir ihre Zahl gar nicht kennen. Es dürften mindestens 2 und höchstens 100 Millionen sein – die beste Schätzung liegt bei 8,7 Millionen. Von diesen wurden bisher nur 1,8 Millionen benannt und beschrieben.

Der Rüssel des Elefanten ist eine Kombination aus Nase und Oberlippe, die sich im Lauf von Jahrmillionen verlängert hat, während die Schneidezähne zu Stoßzähnen wurden: Je länger die Stoßzähne, desto länger musste der Rüssel sein, um an Nahrung zu gelangen. Die Tiere mit den längsten Rüsseln hatten die besten Überlebenschancen.

MAMMUT

ELEFANT

Wie viele wovon?

Die meisten bisher benannten Arten gehören zum Tierreich, gefolgt von den Pflanzen, den Pilzen und den Protisten. Wie viele Bakterienarten es gibt, kann nur grob geschätzt werden – es dürften wohl ***Millionen*** sein.

Tiere	1 367 555
Pflanzen	321 212
Pilze und Protisten	51 563

Viele Sackgassen

Eine Art gilt als ausgestorben, wenn das letzte Exemplar ihrer Art tot ist. Dass Arten sterben, ist ein natürlicher Vorgang – etwa 99 % aller Arten, die es je auf unserem Planeten gab, sind von der Erde verschwunden. Meist fällt ein solches Artensterben nicht auf, doch gab es in der Erdgeschichte fünf Phasen, in denen schlagartig sehr viele Arten ausgelöscht wurden. Ursachen waren Naturkatastrophen: Asteroideneinschläge, gewaltige Vulkanausbrüche oder Klimaänderungen. Wissenschaftler glauben, dass wir uns heute erneut in einer Phase des Massenaussterbens befinden, die durch den Verlust von Lebensräumen, die Umweltverschmutzung und die Jagd, also menschliche Aktivitäten, verursacht ist.

Neue Arten

Jedes Jahr werden neue Arten entdeckt. Allein im Jahr 2009 wurden täglich über 50 Arten zum ersten Mal beschrieben. Die meisten sind kleine Wirbellose, aber es sind auch erstaunlich viele Säugetiere, Amphibien und Reptilien darunter. Es gibt auch viele Lebewesen, die zwar bereits bekannt sind, aber noch genau eingeordnet und benannt werden müssen. Es dauert etwas, bis man sicher weiß, ob es sich wirklich um eine neue Art oder um eine Variante einer bestehenden handelt.

Diese riesige Ratte wurde 2009 bei einer Expedition in Papua-Neuguinea entdeckt.

Evolution des Lebens

Packen wir 4,6 Milliarden Jahre Evolution in einen Tag …

Das Leben auf der Erde begann vor etwa 3,5 Milliarden Jahren. Sehr lange bestand es aus kaum mehr als einzelligen Organismen, die unter lebensfeindlichen Bedingungen ausharrten. Allmählich änderte sich die Welt: Tiere und Pflanzen entwickelten sich und eroberten das Land. Es ist schwer zu sagen, wie lange sie brauchten, bis sie wie heute aussahen, aber wenn wir die Erdgeschichte in einen Tag quetschen, taucht der Mensch erst kurz vor Mitternacht auf!

00:00 01:00 02:00 03:00 04:00 05:00 06:00 07:00 08:00 09:00 10:0

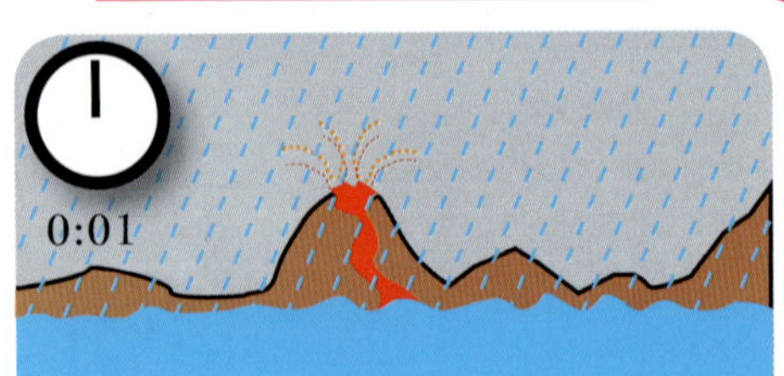

DER ANFANG

Die Erde entsteht. Anfangs ist sie kaum mehr als heißes geschmolzenes Gestein mit einer giftigen Atmosphäre. Als sie abkühlt, bildet sich eine feste Kruste. Dann setzt Regen ein, Meere füllen sich.

Vor 4600 Millionen Jahren

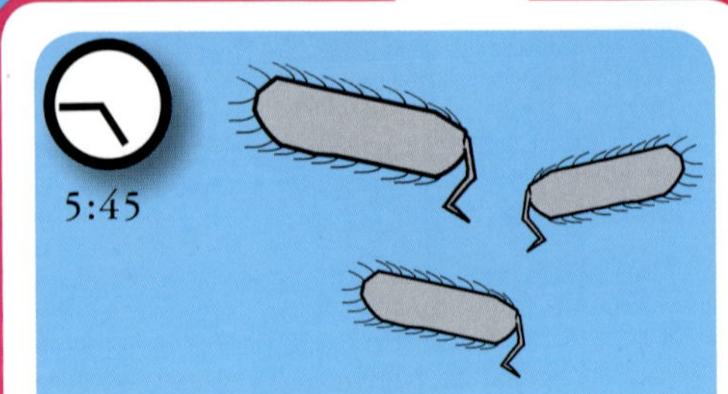

ERSTES LEBEN

Die Bedingungen sind noch hart, aber in den Meeren treten erste einfache Prokaryoten in Erscheinung. Die Cyanobakterien unter ihnen reichern das Wasser und die Luft allmählich mit Sauerstoff an.

Vor 3500 Millionen Jahren

3 Milliarden Jahre lang passierte nicht viel!

Auf dieser Zeitskala entspricht *1 Minute 3,2 Millionen Jahren.*

Vor 1500 Millionen Jahren

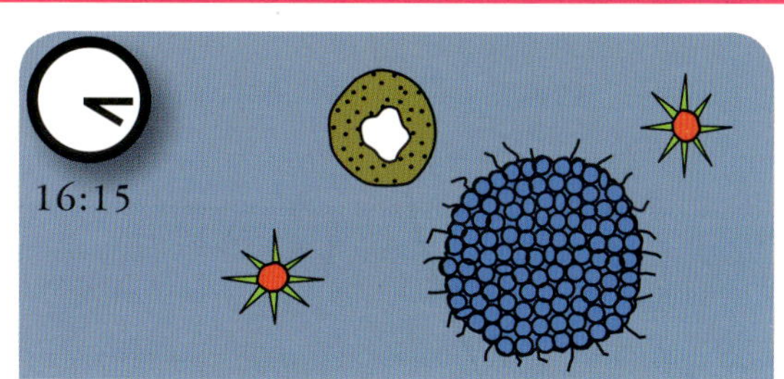

ZUSAMMENGESETZTES LEBEN

Vielzellige Lebensformen kommen auf. Einige werden die Urahnen aller Pflanzen, Pilze und Tiere. Da es nicht viel Festland gibt, bleiben alle im Wasser, obwohl die Luft mittlerweile schon recht viel Sauerstoff enthält.

Vor 700 Millionen Jahren

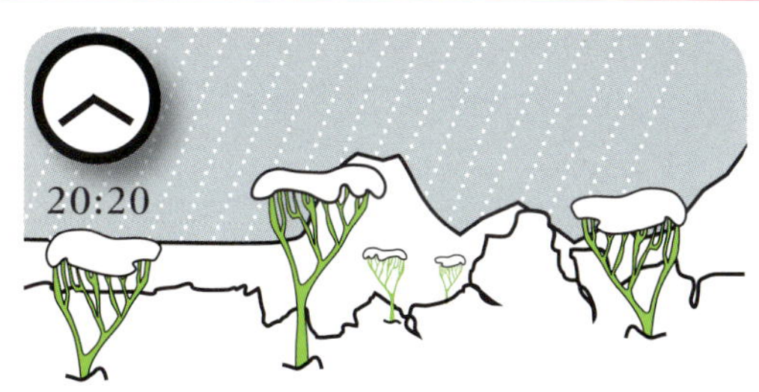

SCHNEEBALL ERDE

Auf dem Festland gedeihen Flechten und einfache Pflanzen. Doch dann wird es eiskalt und der ganze Planet gefriert zum Schneeball. Nur ein paar zähe Arten überleben an Land oder tief unten in den Meeren.

:00 12:00 13:00 14:00 15:00 16:00 17:00 18:00 19:00 20:00 21:00

ZELLEN MIT KERN

Die ersten Eukaryoten treten auf. Außerhalb des Wassers ist es aufgrund der tödlichen Sonnenstrahlung noch immer sehr gefährlich, doch langsam bildet sich eine schützende Ozonschicht.

Vor 1850 Millionen Jahren

PIONIERE AN LAND

Erste Organismen wagen sich in neue Lebensräume. Pilze und mehrzellige Grünalgen verlassen das Flachwasser und verbringen ihr Leben im Strandbereich.

Vor 1200 Millionen Jahren

WEICHTIERE

Als es wieder wärmer wird, entwickelt sich eine Reihe von Tieren, die weich, größer und vielfältiger sind als die Lebewesen zuvor, darunter Schwämme und Quallen.

Vor 630 Millionen Jahren

Das Leben *entwickelt sich weiter ...*

Vor 540 Millionen Jahren

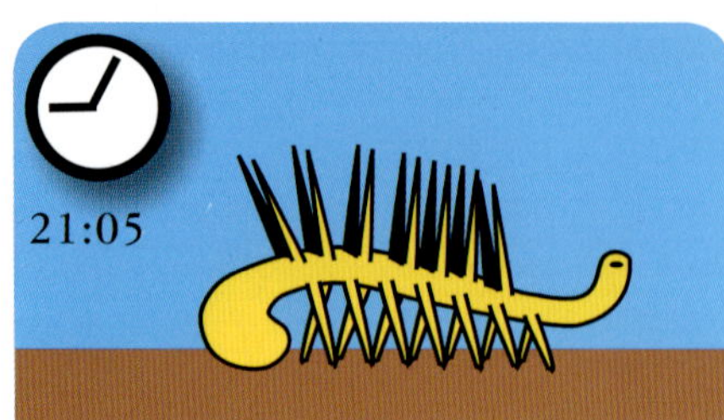

KAMPFBEREIT

Tausende neuer wirbelloser Tiere stürmen auf die Bühne. In diesem evolutionären Wettrüsten entstehen Panzer, Zähne, Augen, Stacheln und Füße. Jetzt heißt es: „Fressen oder gefressen werden!"

Vor 380 Millionen Jahren

FUSS FASSEN

Fische beginnen auf ihre Flossen gestützt an der Luft zu atmen und entwickeln Beine. Einige bleiben an Land und werden die ersten Amphibien. Auch Insekten krabbeln an Land.

Vor 300 Millionen Jahren

HARTE SCHALEN

Einige Amphibien entwickeln eine feste Schuppenhaut und ledrige Eierschalen, sodass sie sich an Land fortpflanzen können: Sie werden zu Reptilien.

21:00

22:00

KNOCHENGERÜSTE

Die ersten Wirbeltiere treten auf: kieferlose Fische. Einfache Skelette stützen größere muskulöse Körper und ermöglichen dadurch auch schnellere Bewegungen.

Vor 530 Millionen Jahren

LANDGANG

Einfache Pflanzen schlagen an Land Wurzeln und auch ein paar Krebse erkunden das trockene Festland. Ein weiser Schritt, denn mittlerweile haben die Fische Kiefer!

Vor 450 Millionen Jahren

IN DEN WIPFELN

Die Pflanzen werden höher. In den Küstensümpfen entstehen Wälder aus urtümlichen Bäumen. Einige entwickeln Samen und dringen ins Inland vor. Insekten entwickeln Flügel.

Vor 350 Millionen Jahren

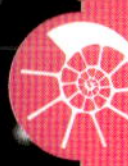

Nach 21:00 Uhr nimmt die Evolution *richtig Fahrt auf!*

Vor 155 Millionen Jahren

EROBERUNG DES HIMMELS

Einige gefiederte Dinosaurier lernen fliegen und entwickeln sich nach und nach zu Vögeln. Haie, Reptilien und Amphibien beginnen, wie ihre modernen Vettern auszusehen. Insekten bestäuben Blütenpflanzen.

Vor 250 000 Jahren

LETZTES GLIED DER KETTE

Homo sapiens, der moderne Mensch, steht am Ende einer langen Reihe von Ahnen, die lernten auf zwei Beinen zu gehen. Lange lebt er neben dem Neandertaler, ein Verwandter des Menschen, der vor 25 000 Jahren ausstarb.

23:00

24:00

RIESENECHSEN

Überall auf der Erde fliegen, schwimmen und stapfen Reptilien herum: Es ist die Zeit der Dinosaurier. Einige sind riesengroß. Üppige Blütenpflanzen, Nadelbäume, Palmfarne und echte Farne bieten Jägern und Gejagten gute Verstecke.

Vor 240 Millionen Jahren

AUFSTIEG DER SÄUGETIERE

Durch Vulkanausbrüche und einen gewaltigen Meteoriteneinschlag sterben die Dinosaurier aus. Sofort nutzen kleine Säugetiere ihre Chance. Und die Urahnen des Menschen zweigen von der Linie der Affen ab.

Vor 65 Millionen Jahren

GEFÄSS-PFLANZEN

Die meisten Pflanzen wie Farne, Nadelhölzer und Blütenpflanzen haben Gefäße – und die meisten pflanzen sich mit Samen fort, die in Blüten, Früchten oder Zapfen entstehen (S. 80–81). Da ihre Zellwände durch hartes Lignin stabil sind, können sie hoch wachsen.

Es grünt so

Es gibt etwa 350 000 Pflanzenarten auf der Erde. Ohne sie hätte sich in der Atmosphäre und in den Meeren nie so viel Sauerstoff angesammelt und Tieren das Atmen ermöglicht. Pflanzen gedeihen überall – außer an den Polen, in sehr trockenen Wüsten und in der Tiefsee.

Blütenpflanzen

sind mit gut 285 000 bekannten Arten die vielfältigste Gruppe. Ein Viertel davon gehört zu nur drei Familien: den Orchideen, den Hülsenfrüchtlern und den Korbblütlern.

Nadelhölzer

oder Koniferen sind holzige Pflanzen mit nadel- oder schuppenartigen Blättern. Ihre Samen reifen in Zapfen, bevor sie zu Boden fallen. Zu den Koniferen zählen die Kiefern, Zedern, Fichten und Tannen.

Farne

haben keinen verholzten Stamm, aber Stängel, Blätter und Wurzeln. Sie pflanzen sich mit Sporen fort. Es gibt etwa 12 000 Farnarten, darunter die Schachtelhalme, Natternzungen- und Gabelblattgewächse.

Blüte
Knospe
Mmh, das Blatt schmeckt lecker nach dem Zucker, den es herstellt!
Stängel
Blatt
Wurzel

Jeder Teil einer Blütenpflanze – hier ein Hibiskus – hat eine spezielle Aufgabe, die ihr beim Wachsen hilft: Blätter stellen Nährstoffe her, Wurzeln nehmen Wasser auf, Blüten bilden Samen.

grün

Je nachdem, wie Pflanzen Wasser aufnehmen und wie sie sich fortpflanzen, werden sie in *zwei Gruppen* eingeteilt. **Gefäßpflanzen** nehmen Wasser durch ihre Wurzeln aus dem Boden auf. In ihren Stängeln sorgen besondere Zellen dafür, dass das Wasser bis ganz nach oben transportiert wird.

Pflanzen ohne Gefäße müssen Wasser mit den Blättern aufnehmen, weil sie *keine richtigen Wurzeln und Stängel* haben. Sie können nur an feuchten Stellen leben, weil sie sonst zu schnell austrocknen würden.

Im Stängel

Durch den Stängel von Gefäßpflanzen laufen zwei Arten von Röhren. Das Xylem transportiert Wasser und Mineralstoffe aus den Wurzeln in die Blätter und Blüten. Das Phloem bringt die Zucker, die in den Blättern entstehen, in den Rest der Pflanze, wo sie für das Wachstum und die Fortpflanzung gebraucht werden.

Xylem

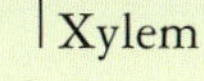

Phloem

PFLANZEN OHNE GEFÄSSE

Zu den Pflanzen ohne Gefäße zählen die Horn-, Leber- und Laubmoose sowie eine Gruppe grüner Algen. Sie haben keine Blüten und pflanzen sich mit Sporen fort. Da ihnen die Spezialgewebe der Gefäßpflanzen fehlen, werden sie normalerweise nicht besonders groß.

Laubmoose

sind niedrige, kleinblättrige Pflanzen. Sie haben keine echten Wurzeln und nehmen Wasser durch die Blätter auf. Die Sporen befinden sich in Kapseln, die an Stielen über den Pflanzen aufragen.

Lebermoose

haben einen bandartigen Körper, den Thallus, oder bestehen aus sich überlappenden, unterteilten Blättern. Sie sind für gewöhnlich keine 10 cm lang und tragen ihre Sporen auf Stielen.

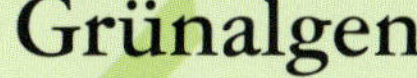

Grünalgen

gibt es in allen möglichen Größen, von Einzellern bis zu großem Tang. Sie gedeihen überall, wo es Wasser gibt, sogar auf Eis und Schnee. Ihre Sporen werden durch die Luft oder das Wasser verbreitet.

Wie aus der Erde geschossen

EIN BISSCHEN WIE TIERE

Lange Zeit haben Wissenschaftler die Pilze als Teil des Pflanzenreichs aufgefasst, doch tatsächlich stehen sie den Tieren näher. Die Zellwände der Pilze bestehen – wie die Panzer von Insekten und Krebsen – aus Chitin. Und Energie speichern sie als Glykogen, ein Kohlenhydrat, das in Muskeln und in der Leber vorkommt. Pflanzen hingegen haben Zellwände aus Zellulose und speichern Stärke.

Wild wachsende Pilze darf man nur essen, wenn ein Experte sagt, dass sie genießbar sind!

Anatomie der Pilze

Nur selten sieht man einen ganzen Pilz, denn sein größter Teil liegt unter der Erde: das Myzel. Das ist meistens ein Netz aus langen dünnen Fäden, die zwischen den Bodenpartikeln hindurchwachsen. Nur die Teile, die die Sporen enthalten, also die Fruchtkörper, kommen ans Licht. Sie bestehen oft aus einem Stiel und einem Hut, unter dem Lamellen oder Röhren hängen, in denen die Sporen sitzen.

Hut

Lamellen

Manschette

Stiel

Myzel

Fruchtkörper entsteht.

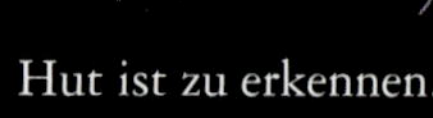

Hut ist zu erkennen.

Pilzparade

Die Fruchtkörper der sonst unterirdisch wachsenden Pilze können ganz unterschiedlich aussehen und beispielsweise Schirmen, Pfannkuchen, Bällen oder Trockenobst ähneln. Einige Fruchtkörper wie Morcheln und Trüffeln sind genießbar und enthalten viele Proteine. Doch andere Arten wie der Leuchtende Ölbaumpilz sind äußerst giftig. Wieder andere liefern leuchtende Farben, mit denen man Stoffe und Papier färben kann.

Pilze können ihre Nährstoffe nicht selbst herstellen, sondern beziehen sie aus dem Boden oder aus Lebewesen, deren Gewebe sie abbauen. Saprobionten sind Pilze, die Enzyme ausscheiden, um aus totem Gewebe Nährstoffe zu gewinnen. Andere Pilze sind Parasiten: Sie entziehen einem lebenden Wirt, etwa einem Baum, Nährstoffe. Bei wieder anderen Pilzen bezieht der Baum im Tausch gegen seine Nährstoffe Mineralstoffe aus dem Myzel.

Die Adern im Blauschimmelkäse bestehen aus

Viele der Organismen, die zum Reich der Pilze gehören, scheinen an den verrücktesten Stellen und wie aus dem Nichts über Nacht aus dem Boden zu schießen. In Wirklichkeit sind ihre winzigen Sporen jedoch ständig da, doch da die Sporen bei Feuchtigkeit besser auskeimen, gedeihen ihre Fruchtkörper vor allem nach einem Regen. Man findet sie bevorzugt im Wald zwischen altem Laub.

Schimmelpilze

Schimmelpilze sind Pilze ohne Hut. Ihre Sporen sind überall und keimen sehr schnell, sodass bald ein Netz weißer Fäden (Hyphen) den Nährboden durchzieht, den sie besiedeln. Zur Fortpflanzung erzeugen sie ein rotes, blaues, graues, schwarzes oder grünes Puder: die Sporen.

Hefen

Hefen sind einzellige Pilze ohne Hut, die in Kolonien leben und durch ihre Zellwände Nährstoffe aufnehmen. Die meisten leben in zuckerreichen Flüssigkeiten, etwa in Blütennektar. Einige Hefen vergären Kohlenhydrate zu Kohlenstoffdioxid und Alkohol und werden daher zum Backen und Brauen verwendet.

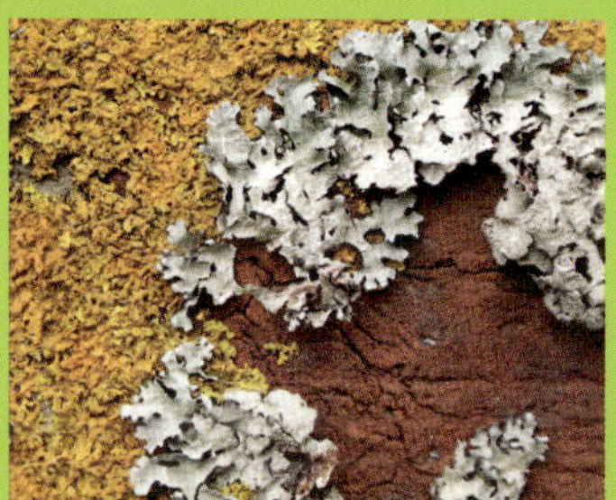

Flechten

Flechten sind Lebensgemeinschaften von jeweils zwei Organismen: Pilz und Alge. Die Alge lebt im Pilzgewebe, das sie vor der Außenwelt schützt und sie mit Wasser versorgt. Im Gegenzug stellt die Alge durch Fotosynthese Stärke her, von der sie einen Teil an den Pilz abtritt. So können Flechten in sehr kargen Umgebungen wie auf nacktem Wüstengestein überleben. Im Unterschied zu anderen Pilzen wachsen Flechten sehr langsam – manche sind Hunderte von Jahren alt.

Das größte Lebewesen der Erde ist ein Pilz. Er wächst in einem Waldboden in Oregon (USA) und ist mehr als 10 km² groß. Vermutlich ist er 8500 Jahre alt.

essbaren Schimmelpilzen, die in seinen Rissen wachsen.

Große TIERE

Bislang wurden mehr als 1,3 Millionen Tierarten beschrieben und benannt – und mindestens noch einmal so viele warten noch auf ihre Entdeckung. Hier werden ein paar Wirbeltierklassen vorgestellt, die – wie der Name sagt – alle Wirbel haben. Auf der nächsten Doppelseite folgen die Wirbellosen.

SÄUGETIERE

Anzahl der Arten: 5500

WICHTIGE MERKMALE

Gebären lebende Junge.

Junge trinken Milch.

Haarkleid oder Fell

Gleichwarme Tiere

Die Säugetiere sind die jüngste Klasse im Stammbaum der Tiere. Die sehr vielfältige Klasse umfasst sowohl Land- als auch Wasserlebewesen. Die meisten gebären ihre Jungen lebend, nur zwei Familien legen Eier: die Schnabeltiere und die Ameisenigel, die gemeinsam als Kloakentiere bezeichnet werden. Die Beuteltiere, darunter die Kängurus und Koalas, bringen sehr unreife Junge zur Welt, die sich im Beutel der Mutter weiterentwickeln. Säuger fressen Fleisch (Karnivoren), Pflanzen (Herbivoren) oder alles Mögliche (Omnivoren).

ZEBRA

KÄNGURU

HUND

MENSCH

KANINCHEN

VÖGEL

Anzahl der Arten: 10 000

WICHTIGE MERKMALE

Legen Eier.

Federkleid

Meist flugfähig

Gleichwarme Tiere

Die Vögel haben sich zur Zeit der Dinosaurier entwickelt, mit denen sie eng verwandt sind. Sie haben wärmende, wasserabweisende Federn und schuppige Krallenfüße. Statt Zähnen haben sie einen festen Schnabel, der an ihre Nahrung angepasst ist. Sie haben Flügel, auch wenn nicht alle fliegen. Bei jenen, die es tun, erleichtern hohle Knochen das Fliegen. Bei einigen Vögeln wie den Pinguinen sind die Flügel Schwimmwerkzeuge, während Laufvögel damit das Gleichgewicht halten.

STRAUSS

SCHARLACHSICHLER

ARA

ROTKEHLCHEN

SCHWAN

PINGUIN

REPTILIEN

Anzahl der Arten: 9400

WICHTIGE MERKMALE

Legen Eier.

Einige sind lebendgebärend.

Schuppenhaut

Wechselwarme Tiere

Die Reptilien haben sich vor 320 Millionen Jahren, als das Klima heiß und trocken wurde, aus den Amphibien entwickelt. Dank einer neuartigen Schutzschicht um das Ei konnten sie sich an Land fortpflanzen und so neue Lebensräume erobern. Als wechselwarme Tiere benötigen sie Sonnenwärme, um ihre Körper morgens auf Betriebstemperatur aufzuheizen. Sobald sie sich bewegen, produzieren ihre Muskeln genug Wärme, sodass sie bei Hitze Schatten aufsuchen.

SCHILDKRÖTE

CHAMÄLEON

BASILISK

KOBRA

KROKODIL

AMPHIBIEN

Anzahl der Arten: 6600

WICHTIGE MERKMALE

Legen Eier.

Feuchte Haut

Leben mindestens zeitweise im Wasser.

Wechselwarme Tiere

Amphibien leben nur am oder im Süßwasser. Ihre Eier haben weiche Schalen und würden an Land austrocknen. Daher müssen sie während ihrer Entwicklung im Wasser liegen. Die Larven heißen Quappen, atmen durch Kiemen und haben einen Schwanz zum Schwimmen. Bei der Umwandlung (Metamorphose) zum erwachsenen Tier verlieren sie den Schwanz und entwickeln Lungen, sodass sie an Land leben können. Die meisten brauchen Feuchtigkeit, damit die Haut, mit der sie auch atmen, nicht austrocknet.

Ich atme durch meine ganze Haut.

PFEILGIFTFROSCH

HORNFROSCH

SALAMANDER

AXOLOTL

KRÖTE

FISCHE

Anzahl der Arten: 32 500

WICHTIGE MERKMALE

Legen Eier.

Einige sind auch lebendgebärend.

Leben im Wasser.

Die meisten sind wechselwarm.

Fische waren die ersten Tiere, die ein Rückgrat entwickelten. Sie leben im Wasser und nehmen durch zwei Kiemen, die hinter dem Kopf sitzen, Sauerstoff auf. Dank ihrer Stromlinienform und der glatten oder geschuppten Haut gleiten sie leicht durchs Wasser. Sie steuern mit den Flossen und werden vom muskulösen Schwanz angetrieben. Bei schnellen Schwimmern wie Thunfischen, Schwertfischen und einigen Haien hält ein besonderes Kreislaufsystem Gehirn und Muskeln warm. Manche Arten wie Aale können kurze Zeit an Land überleben.

Mahlzeit!

GOLDFISCH

KAISERFISCH

FEUERFISCH

MURÄNE

HAI

... und KLEINE

Etwa 97 % aller Tiere sind Wirbellose, die nicht nur keine Rückenwirbel haben, sondern auch weder Knochenskelett noch Kiefer. Stattdessen haben viele ein Exoskelett, also eine feste Hülle, die ihren Körper stützt und stützt, oder ein Gehäuse, in das sie sich zurückziehen können. Von Wirbellosen gibt es über 30 Klassen. Hier werden einige bekanntere vorgestellt.

INSEKTEN

Anzahl der Arten: mehr als 1 000 000

WICHTIGE MERKMALE

Paarige untergliederte Beine

Facettenaugen

Hartes Exoskelett

Viele mit Flügeln

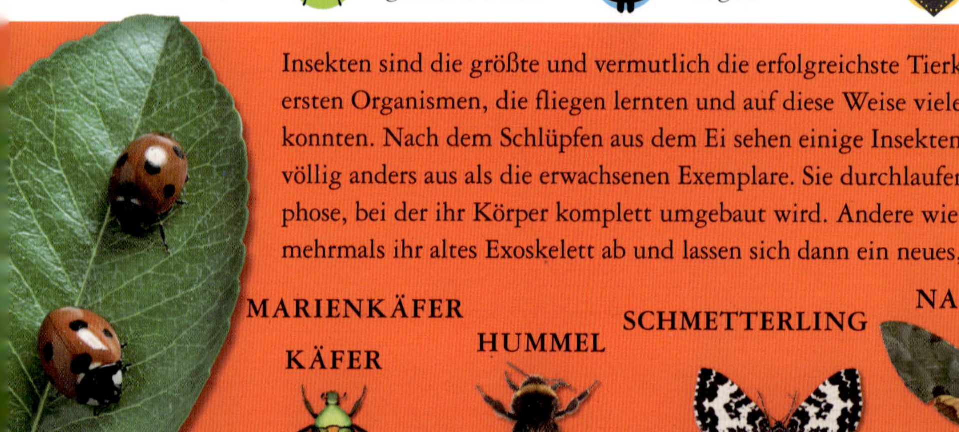

Insekten sind die größte und vermutlich die erfolgreichste Tierklasse der Welt. Sie waren die ersten Organismen, die fliegen lernten und auf diese Weise viele neue Lebensräume erobern konnten. Nach dem Schlüpfen aus dem Ei sehen einige Insekten, wie etwa die Schmetterlinge, völlig anders aus als die erwachsenen Exemplare. Sie durchlaufen eine sogenannte Metamorphose, bei der ihr Körper komplett umgebaut wird. Andere wie die Grashüpfer werfen mehrmals ihr altes Exoskelett ab und lassen sich dann ein neues, größeres wachsen.

MARIENKÄFER

KÄFER

HUMMEL

SCHMETTERLING

NACHTFALTER

GESPENSTHEUSCHRECKE

KREBSTIERE

Anzahl der Arten: 50 000

WICHTIGE MERKMALE

Untergliederte Beine

Hartes Exoskelett

Bis auf Landasseln leben die meisten Krebstiere im Wasser. Sie sind mit den Insekten verwandt, aber ihre Körper sind nicht so stark gegliedert wie Insekten: Einige Abschnitte sind miteinander zu einem Panzer verwachsen, der ihre Augen und ihren Kopf besser schützt. Zwar haben Hummer und Krebse große Scheren, doch sie dienen eher der Verteidigung als dem Angriff. Die meisten Arten leben von Überresten anderer Tiere oder von herumtreibenden Teilchen.

SEESPINNE

HUMMER

GARNELE

ASSEL

EINSIEDLERKREBS

SPINNENTIERE

Anzahl der Arten: 65 000

WICHTIGE MERKMALE

Acht Beine

Viele Arten spinnen Netze.

Spinnentiere leben an Land und im Süßwasser. Ihr Körper hat zwei Segmente: eines mit Kopf und Brust, die miteinander verwachsen sind, und einen Hinterleib. Die meisten sind Fleischfresser und bespeien ihre Opfer mit Verdauungsenzymen aus dem Magen, bevor sie die verflüssigte Beute aufsaugen. Viele sind Jäger: Einige Spinnen fangen ihre Beute mit Netzen, Skorpione spritzen Gift hinein. Viele Spinnentiere können mit Sinneshaaren am Körper riechen.

VOGELSPINNE

MILBE

FALLTÜRSPINNE

RADNETZSPINNE

SKORPION

WEICHTIERE

Anzahl der Arten: 110 000

WICHTIGE MERKMALE

Weicher Körper

Nicht untergliedert

Viele Arten haben Schalen oder Häuser.

Die Gruppe der Weichtiere oder Mollusken ist vielgestaltig. Viele Arten haben eine feste Schale, die sie schützt und stützt. Sie haben ein Nervensystem – Tintenfische sogar ein hoch entwickeltes Gehirn. Mit einer Raspelzunge (Radula) kratzen Weichtiere Algen von Gestein oder bohren Löcher durch die Schale anderer Mollusken, um an deren Fleisch zu gelangen. Kopffüßer wie Kraken können aktiv schwimmen, andere wie einige Muscheln katapultieren sich nach dem Rückstoßprinzip durchs Wasser. Wieder andere Mollusken haben einen starken Fußmuskel und bewegen sich kriechend vorwärts.

GROSSE ACHATSCHNECKE

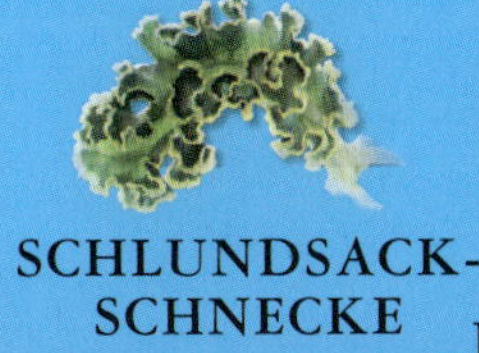
SCHLUNDSACKSCHNECKE

JAKOBSMUSCHEL

RIESENMUSCHEL

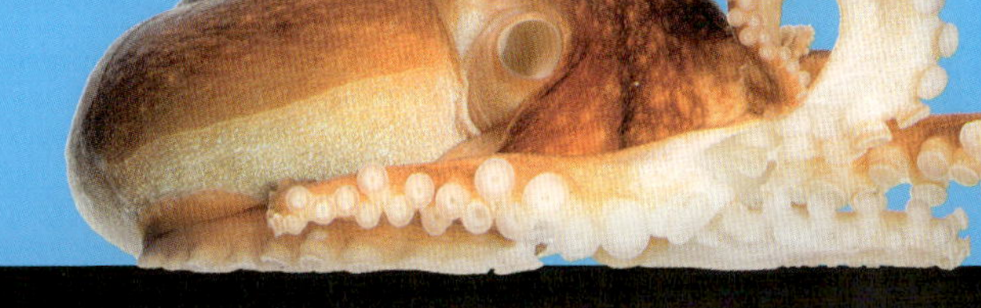
KRAKE

NESSELTIERE

Anzahl der Arten: 11 300

WICHTIGE MERKMALE

Weicher Körper

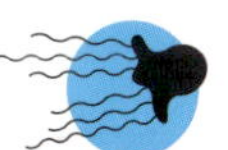
Schwimmen, indem sie Wasser aus der Körperhöhle ausstoßen.

Nesseltiere leben im Wasser, das auch ihren Körper stützt. Sie können Licht orten, haben aber keine richtigen Augen. Um Beute oder Feinde zu entdecken, setzen sie stattdessen auf ihren Geruchs- und Tastsinn. Viele haben in ihren Tentakeln Nesselzellen, mit denen sie Gift und Verdauungsenzyme in die Haut anderer spritzen. Anemonen und Korallen filtern mit ihren Ärmchen Nahrungsteilchen aus dem Wasser.

ANEMONE

HIRNKORALLE

EDELKORALLE

QUALLE

TOTE MEERHAND

Leben in LILIPUT

Die meisten Organismen auf der Erde sind für uns mit bloßem Auge nicht zu erkennen, aber wer einen Kubikzentimeter Luft, Wasser oder Boden durch ein Mikroskop betrachtet, sieht unzählige Winzlinge herumwimmeln: Mikroorganismen oder Mikroben. Unter ihnen sind Pflanzen, Tiere, Pilze, Protisten und Bakterien.

Unsere Mikroskope sind extrem leistungsstark. Rasterelektronenmikroskope können Dinge auf das 500 000-Fache vergrößern.

Bei den Mikroben ist es wie bei sonstigen Lebewesen: Einige stellen ihre Nährstoffe selbst her, andere leben von weiteren Organismen. Allein oder in Kolonien erobern sie nahezu jeden Lebensraum an Land, im Wasser und in der Luft. Eine Gruppe, die Archaeen, gedeiht sogar in extremen Lebensräumen wie heißen Quellen, sehr sauren Gewässern oder tief im Boden, wo andere Lebensformen eingehen würden.

BAKTERIEN

Ich habe gerade ein *dierken* entdeckt!

ANTONI VAN LEEUWENHOEK

Unsichtbare Quälgeister

Obwohl niemand sie sehen konnte, war man sich seit Jahrhunderten sicher, dass Mikroorganismen existieren und dass sie uns krank machen können. Aber erst, als im 17. Jahrhundert das Mikroskop erfunden wurde, erkannte man, wie viele Mikroben es wirklich gibt. Der niederländische Forscher Antoni van Leeuwenhoek, der „Vater der Mikrobiologie", sah sie als Erster. Er nannte sie „animalcules" oder „dierken" (Tierchen).

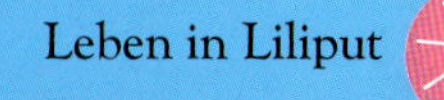

Bakterien

Bakterien sind einfache einzellige Mikroben. Die größten sind etwa einen halben Millimeter lang und mit bloßem Auge gerade noch zu erkennen. Die meisten sind kugelig, stäbchen- oder (wenn sie lang genug sind) schraubenförmig. Einige Arten bilden Ketten, Klumpen oder Matten. Es gibt nützliche und schädliche Bakterien.

JOGHURTBAKTERIEN

Nützliche Bakterien wandeln Milch in Joghurt um, klären Abwasser, helfen Kühen beim Verdauen oder fixieren Stickstoff im Boden.

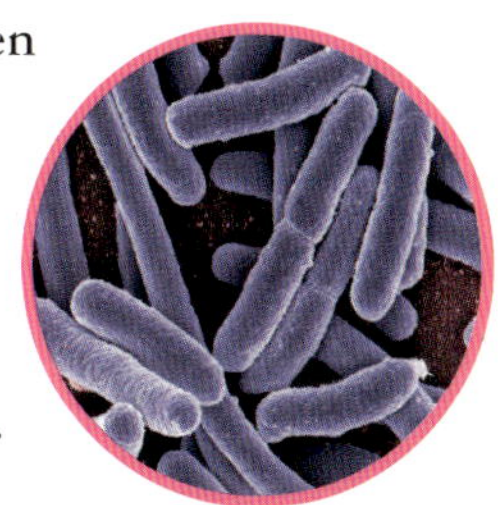

ESCHERICHIA COLI

Schädliche Bakterien können Tiere und Pflanzen krank machen, Wasser verseuchen und Essen vergiften.

Protozoen

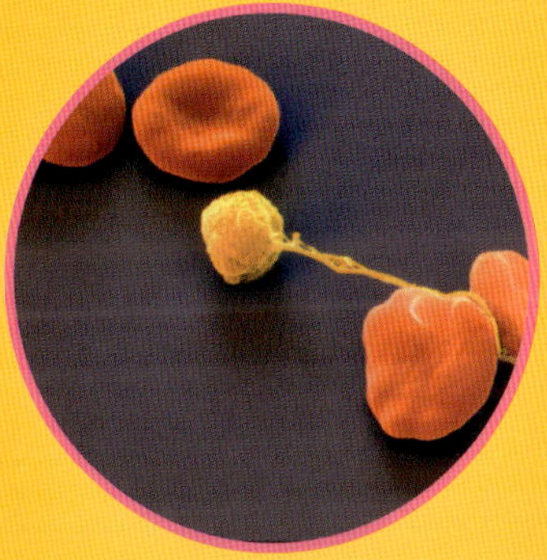

MALARIA-ERREGER

Die Protozoen sind unter den Mikroben am höchsten entwickelt und zählen zum Reich der Protisten. Viele haben Eigenschaften, die man bei Bakterien nicht findet, wie Geißeln, Haare oder fußartige Ausstülpungen, mit deren Hilfe sie kriechen. Sie leben von Bakterien, einzelligen Algen oder Pilzen. Protozoen lösen auch Krankheiten wie Malaria aus.

Pilze

EDELSCHIMMELPILZ

Bei Pilzen denken viele Leute an Champignons, aber viele Arten sind zu klein, um sie zu sehen. Manche verursachen Krankheiten wie Fußpilz beim Menschen oder Mehltau bei Pflanzen. Mithilfe von Hefen macht man Brot oder Bier, mit Edelschimmel die blauen Adern in einigen Käsesorten. Pilze produzieren auch Antibiotika, die Bakterien abtöten.

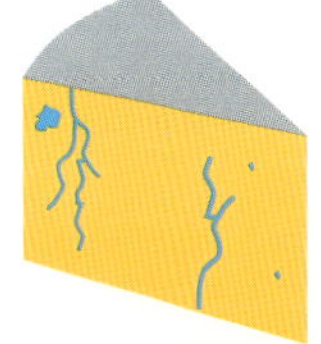

Plankton

PLANKTON

Die meisten Lebewesen in den Meeren sind heutzutage Bakterien. Gemeinsam mit anderen winzigen Tieren, Larven und Pflanzen werden sie als Plankton bezeichnet. Sie leben vor allem in den oberen, hellen Meeresschichten und dienen größeren Tieren als Nahrung. Der Begriff „Plankton" stammt aus dem Griechischen und bedeutet treffend „das Umherirrende", denn die Organismen treiben mit der Strömung hin und her.

MIKRO-QUIZ

Was ist hier zu sehen?

Dazu ein paar Tipps:

Schöne bunte Schuppen helfen diesem Insekt beim Flattern. Sie sehen meistens glatt und zart aus.

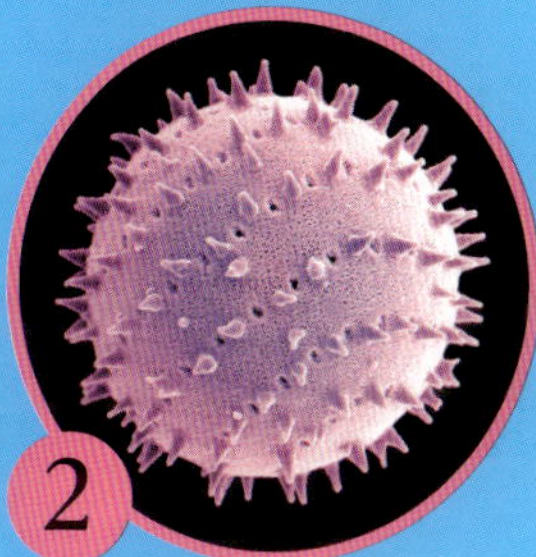

Wer Heuschnupfen hat, mag diese Dinger nicht. Aber ohne sie könnten sich Pflanzen nicht fortpflanzen.

Dieses nützliche Organ besteht aus Hunderten von Facetten. Sein kleiner Besitzer ist schwer zu fangen.

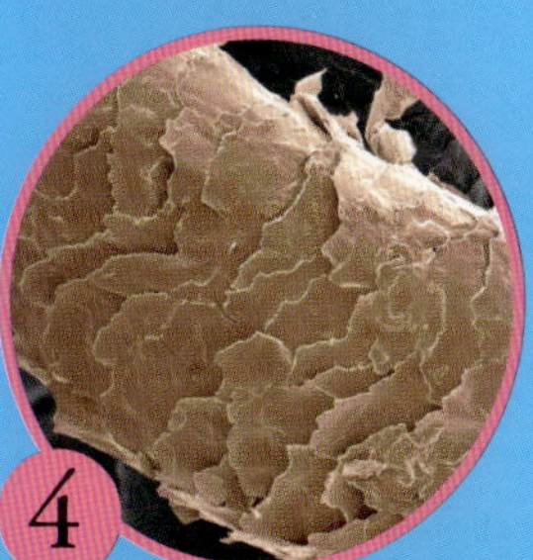

Dieser Strang aus toten, abgeflachten Zellen schützt uns. Er wächst bis zu 0,3 mm pro Tag.

Wer hätte gedacht, dass dieser weiche, zarte Pflanzenteil aus der Nähe so höckerig aussieht?

Lösung: 1. Schmetterlingsflügel, 2. Pollenkorn, 3. Fliegenauge, 4. Haar, 5. Blütenblatt

Auf einem Stecknadelkopf hat 1 Million Bakterien Platz.

ZUSAMMENleben

Angesichts der VIELEN ARTEN könnte man meinen, es sei auf der Erde ziemlich voll. Aber zum Glück leben wir nicht alle am selben Fleck und essen nicht alle dasselbe.

Dennoch leben die Organismen nicht friedlich nebeneinander: Es gibt *sehr viel Konkurrenz*, sogar innerhalb einer Art.

Und alle Lebewesen auf der Erde sind eng miteinander vernetzt: Wenn eine Art *verschwindet*, wirkt sich das oft auf das GANZE ÖKOSYSTEM aus.

Große VIELFALT

Jeder Quadratzentimeter auf der Erde ist von irgendwelchen Lebewesen besiedelt. Von den höchsten Berggipfeln bis zum Tiefseeboden bietet jede Umgebung einigen Organismen genau das, was sie zum Leben brauchen.

WER LEBT WO?

Zwar hat man überall auf der Erde Leben gefunden, aber in den Tropen gibt es am meisten, an den Polen sehr viel weniger. Wie viele und welche Typen von Organismen in einer Region leben, hängt vor allem vom Klima und vom Nahrungsangebot ab.

KLIMAZONEN

Arktis

Pflanzen und Pilze vertragen keine Kälte. Die meisten hier lebenden Arten sind Tiere oder Bakterien.

Nördliche gemäßigte Breiten

Mittlere Temperaturen und Niederschläge lassen mehr Pflanzen, Pilze und auch Tierarten gedeihen.

Tropen und Subtropen

Wärme, Licht und Feuchtigkeit lassen in Äquatornähe viele Pflanzen wachsen, von denen alle möglichen Organismen leben. Hier gibt es die meisten Arten.

Südliche gemäßigte Breiten

Hier gibt es viele Pflanzen und Tiere. Auch in den Meeren wimmelt es von Leben.

Antarktis

Es gibt kaum Pflanzen, aber auf dem vereisten Kontinent leben Säugetiere und brüten Vögel.

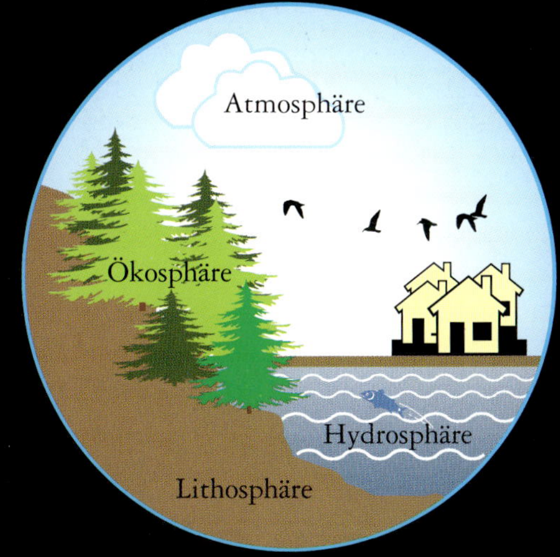

DIE BIOSPHÄRE

Die Wissenschaftler nennen die lebende Welt Biosphäre. Sie reicht von den oberen Schichten der Atmosphäre bis zu den tiefsten Tiefseegräben und an Land bis weit unter die Oberfläche. In der Biosphäre begegnen sich all die anderen Sphären: Hier tauschen sich die Atmosphäre (Luft), die Hydrosphäre (Wasser), die Lithosphäre (Festland) und die Ökosphäre (Lebewesen) aus.

BIODIVERSITÄT

Die Vielfalt der Pflanzen, Tiere und Mikroorganismen in einem Gebiet wird als Biodiversität bezeichnet. Unter günstigen Bedingungen, wie sie in den Tropen vorliegen, findet man zahlreiche Tier- und Pflanzenarten, weil sie auf viele Ressourcen zugreifen können, die sie zum Überleben brauchen. Unter schlechteren Bedingungen halten sich weniger Pflanzen- und Tierarten.

Geringe Vielfalt

Mittlere Vielfalt

Große Vielfalt

Hotspots der Arten

In einigen Regionen, sogenannten Hotspots, leben besonders viele Arten – viele davon ausschließlich dort. Hotspots sind für uns sehr wertvoll, weil unter den vielen Lebensformen Quellen für neue Arzneimittel oder Feldfrüchte und sogar Vorbilder für neue Technologien sein können. Allerdings zieht eine große Artenvielfalt auch immer sehr viele Menschen an, durch die der Lebensraum gestört wird und die natürlichen Ressourcen ausgebeutet werden. Auch einige Meeresregionen sind Hotspots. Dort betreiben die Menschen sehr viel Fischfang.

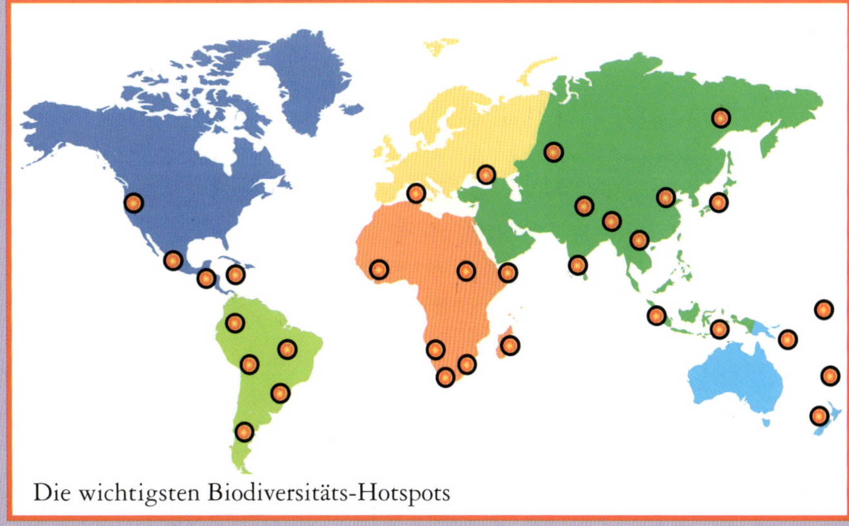

Die wichtigsten Biodiversitäts-Hotspots

Teil *des* SYSTEMS

Kein Organismus lebt allein. Jeder steht im Austausch mit allen Lebewesen um ihn herum – Pflanzen, Tieren, Bakterien und Pilzen – und wird von der Luft, dem Boden, dem Wasser und dem Sonnenlicht beeinflusst. Eine solche Gemeinschaft und ihre Umwelt nennt man Ökosystem.

ÖKOSYSTEME

Ökosysteme können so klein wie ein Riss im Fels sein oder so groß wie die ganze Erde. Sehr große Ökosysteme werden Biome genannt und bestehen aus vielen kleineren Ökosystemen. In jedem Ökosystem lebt eine Reihe von Bewohnern, deren Lebensräume Habitate heißen. Ein Habitat muss alles bieten, was der Organismus braucht, sonst sucht sich dieser einen anderen Ort.

VOGEL

Idealer Lebensraum

Ein Baum bietet vielen Arten Raum zum Leben, darunter Vögeln, Insekten und Säugetieren. Vögel schlafen im Geäst, fressen Insekten und bauen Nester, um darin ihre Jungen großzuziehen. Säugetiere können zwischen den Wurzeln Baue anlegen und Nüsse und Samen fressen. Insekten fressen Blätter und legen ihre Eier auf ihnen ab. Aber auch der Baum profitiert von seinen Bewohnern: Vögel vertilgen Schädlinge und Säuger verbreiten seine Samen. Jeder Organismus nutzt den Baum auf unterschiedliche Weise, aber sie alle beeinflussen einander.

Für jeden die richtige Nische

Jeder Organismus hat eine für seine Art charakteristische Lebensweise. Zwar können sich viele Arten ein Habitat teilen, aber jede Art spielt in der Gemeinschaft ihre besondere Rolle und lebt damit in einer anderen sogenannten Nische. Ein Wald kann zum Beispiel einen Fuchs beherbergen. Dieser hat die Rolle des Raubtiers, das kleine Tiere im Wald frisst. Im Grasland besetzt der Kojote diese Nische. Doch nirgendwo teilen sich Fuchs und Kojote eine Nische, denn es gäbe nicht genug Nahrung, um beide Arten am Leben zu halten.

FUCHS

INSEKT

WALD

Ständig im Wandel

Ökosysteme verändern sich mit der Zeit. Nackter Boden kann sich in einen Wald verwandeln, wenn Pflanzen ihn besiedeln und Pflanzenfresser anlocken, die wiederum Fleischfresser anziehen. Je mehr Arten neue Nischen besetzen, desto komplexer wird das Ökosystem. Irgendwann stellt sich ein Gleichgewicht ein und alle Lebewesen im System bekommen genau das, was sie zum Überleben benötigen.

Hier wohnt
der Fuchs!

KANINCHEN

OHNE MICH.

KOJOTE

WIEDERVERWERTUNG

Eine der wichtigsten Funktionen eines Ökosystems ist es, Energie, Wasser und Nährstoffe in den Kreislauf zurückzubringen. Dieses Recycling ist ein lebensnotwendiger Vorgang: Würde ein für den Erhalt von Leben wichtiger Stoff in einer Form enden, in der er nicht mehr verwendbar ist, würde das Leben allmählich versiegen. Manche Stoffe brauchen Millionen Jahre für einen ganzen Umlauf, andere nur einen Tag.

Der Kohlenstoffzyklus

Der Kohlenstoffkreislauf ist ein Beispiel dafür, wie ein lebensnotwendiges Element durch das System kreist. Pflanzen nehmen Kohlenstoffdioxid aus der Luft auf, um Fotosynthese zu betreiben (S. 18–19). Tiere fressen die Pflanzen, bauen Kohlenstoff in ihre Muskeln ein und atmen Kohlenstoffdioxid aus. Tote Tiere und Pflanzen werden von Zersetzern abgebaut, die Kohlenstoff in den Boden ausscheiden.

SONNENLICHT

Kohlenstoff-kreislauf

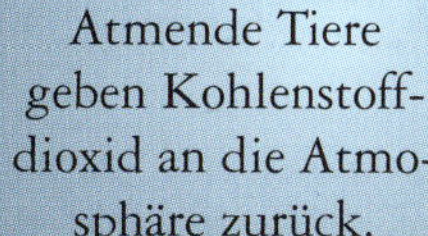

Zu viel zusätzliches Kohlenstoffdioxid kann den natürlichen Kreislauf aus dem Lot bringen.

Pflanzen nehmen bei der Fotosynthese Kohlenstoffdioxid aus der Luft auf.

Atmende Tiere geben Kohlenstoffdioxid an die Atmosphäre zurück.

Nachts geben auch Pflanzen Kohlenstoffdioxid ab.

Autos und Fabriken verbrauchen fossile Brennstoffe und stoßen Kohlenstoffdioxid aus.

Tote Bäume verrotten und werden mit Erde bedeckt. Irgendwann werden sie zu fossilen Brennstoffen.

Kot und Kadaver werden von Zersetzern abgebaut. Ihr Kohlenstoff wird im Boden abgelagert.

Pflanzenwurzeln transportieren Kohlenstoff in den Boden.

Krebse bauen ihre Panzer aus Kohlenstoffverbindungen auf.

Im Meer

Lebewesen atmen Kohlenstoffdioxid aus, das in die Atmosphäre gelangt. Zudem verbrennen wir Menschen fossile Brennstoffe, wodurch noch mehr Kohlenstoffdioxid frei wird. Doch nur ein Teil davon bleibt in der Luft, ein weiterer Teil wird in Meeren und Seen gebunden oder von Wasserpflanzen zur Fotosynthese eingesetzt. Wassertiere bauen zudem Kohlenstoff in ihre Panzer, Skelette und Schalen ein. Sind sie leer, werden sie eines Tages zu Kalkstein.

Ökozonen

Das Leben auf der Erde kann in eine Reihe großer Ökosysteme oder Biome unterteilt werden. Biome richten sich nach geografischen Regionen mit ähnlichem Klima (Temperatur, Wind, Niederschläge). Ein Biom-Typ kann auf mehreren Kontinenten und auf beiden Erdhalbkugeln vorkommen, aber die Tier- und Pflanzenarten unterscheiden sich von Biom zu Biom stark.

SOMMERGRÜNER WALD

Die Laubbäume in diesem Biom werfen im Herbst ihre Blätter ab. Es gibt unterschiedliche Jahreszeiten und in jeder gibt es Niederschläge. Die Tiere leben vor allem von Samen, Nüssen und Beeren oder sie sind Allesfresser, nehmen also auch Fleisch zu sich.

REGENWALD

Das heiße, feuchte und sonnige Klima in den Tropen fördert das Wachstum von Bäumen. Die meisten Tiere leben in Bäumen und sie finden ganzjährig Blüten oder Früchte, die sie fressen können. In diesem Biom gibt es mehr Pflanzen-, Tier- und Pilzarten als in jedem anderen Biom.

GEBIRGE

Die Berge bieten mehrere Lebensräume: Auf den Gipfeln ist es kalt, windig, felsig und dort gedeiht fast nichts. An den Hängen wachsen unterhalb der Baumgrenze Sträucher und Nadelbäume, noch tiefer Laubbäume. Die Täler sind oft fruchtbar und mit Wiesen und Wäldern bedeckt.

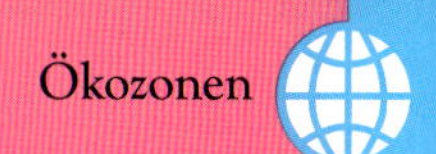

TUNDRA

Die Tundren liegen dort, wo die vegetationslosen Polregionen enden. Sie sind die meiste Zeit des Jahres mit Schnee bedeckt, der nur im kurzen Sommer schmilzt. Dann wachsen dort kleine Pflanzen. Die Tiere, die hier leben, haben ein dickes Fell oder Gefieder und dicke Fettschichten, die sie im Winter wärmen.

BOREALER NADELWALD

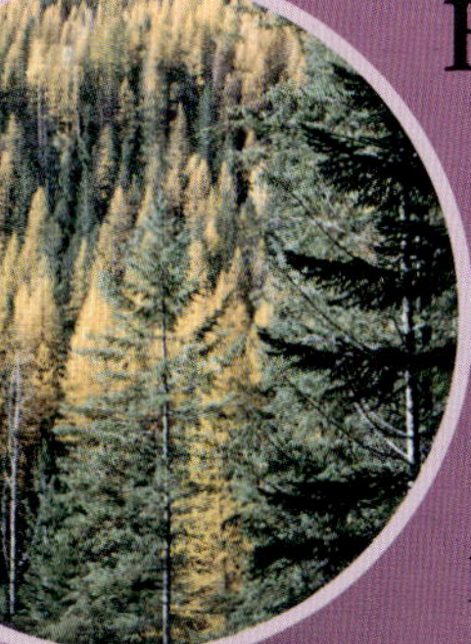

Im borealen Nadelwald, auch Taiga genannt, wachsen die höchsten und robustesten Bäume der Erde. Es sind Nadelbäume, von deren schmalen, langlebigen, frostfesten Nadeln der Schnee leicht abrutscht. In der Nahrungskette ganz oben stehen Raubtiere wie Wölfe, Füchse und Vielfraße.

WÜSTEN

In Wüsten ist es heiß und sehr trocken. Pflanzen wie Kakteen speichern in Stämmen und Wurzeln Wasser und haben winzige Blätter, um die Verdunstung zu verringern. Wüstentiere müssen nur selten trinken. Einige graben sich in der Mittagshitze ein.

SAVANNEN

Natürliches Grasland gibt es auf allen Kontinenten. Dort wird es im Sommer sehr heiß und für die meisten Bäume und Sträucher fällt nicht genug Regen. Stattdessen wachsen hier Gräser und Kräuter, die von Herden pflanzenfressender Tiere abgeweidet werden. Von diesen leben dann große Fleischfresser wie etwa Löwen.

POLARREGIONEN

Eis, Stürme, Dauerfrost und monatelange Finsternis machen die Polargebiete für die meisten Landlebewesen unbewohnbar. Nur im Polarsommer wandern einige Arten ein. Doch in den Polarmeeren wimmelt es nur so von Leben – von mikroskopisch kleinem Plankton bis zu riesigen Blauwalen.

Mein dicker Pelz hält mich am Nordpol warm.

Gutes *Miteinander*

Gute Beziehungen zu Artgenossen helfen beim Überleben. Manchmal ist es auch hilfreich, sich mit einem anderen Lebenwesen so zu verbünden, dass beide etwas davon haben. Es geht doch nichts über eine gute Nachbarschaft!

GUTE FREUNDE

Von einigen Beziehungen zwischen verschiedenen Arten profitiert nur eine Seite – die andere Seite (die Wirtsart) nimmt jedoch keinen Schaden. Der Wirt bietet der anderen Art oft Nahrung, Schutz oder eine Transportgelegenheit. Diesen Beziehungstyp nennt man Kommensalismus.

Viele finden es hier gefährlich, aber ICH FÜHLE MICH SO SICHER in ihren Armen!

Clownfische leben zwischen den Tentakeln von Seeanemonen. Da sie gegen das Nesselgift, mit dem Seeanemonen andere Fische lähmen, immun sind, sind sie in der Anemone gut geschützt. Hier finden sie auch Futter, nämlich Nahrungsbrocken, die dem Wirt entgangen sind. So wird die Anemone ab und zu geputzt. Ansonsten hat sie nicht viel von dieser Lebensgemeinschaft.

Hier oben auf meinem Baum ist es schön sonnig. Und die Aussicht ist UMWERFEND!

Viele Orchideen leben weit oben im Geäst von Regenwaldbäumen. Dort erreicht sie viel mehr Sonnenlicht als die Pflanzen am Waldboden. Sie schaden dem Baum nicht, solange nicht derart viele von ihnen auf einem Ast wachsen, dass dieser unter ihrem Gewicht bricht. Wasser und Nährstoffe beziehen sie aus der Luft und dem Regen und zuweilen aus totem Pflanzenmaterial, das sich auf dem Ast sammelt.

Mein Pferd reitet sich wirklich bequem. Und das Beste ist: ES BOCKT NIE.

Die Partnergarnele *Periclimenes imperator* lebt auf Seegurken und Meeresschnecken. Sie frisst Nahrungspartikel, die der Wirt beim Kriechen aufwirbelt, und sogar dessen Kot. Zudem ist sie auf ihm vor Fressfeinden sicher, denn ihr Wirt gilt als giftig und wird als Beute verschmäht. Partnergarnelen passen sich oft farblich an ihren Wirt an und sind so noch besser geschützt.

Große Wohngemeinschaft

Das Fell von Faultieren ist oft grünlich. Das kommt von Algen, die in der äußeren Fellschicht leben – und zwar nur hier. Dadurch sind Faultiere im Blattwerk der Bäume nicht nur gut getarnt, sondern nehmen beim Putzen ihres Fells auch zusätzliche Nährstoffe auf. Auf Faultieren leben zudem einige Schmetterlingsarten, die ihre Eier in den Kot der Faultiere legen. Das Faultierfell beherbergt noch andere Insektenarten, vor allem Käfer, sowie Spinnentiere wie Milben.

PERFEKTE PARTNER

Manche Beziehungen zwischen zwei Arten sind für beide von Vorteil. In einigen Fällen leben die Partner meistens getrennt und schließen sich nur für eine Weile zusammen – in anderen Fällen stirbt der eine, wenn der Partner fehlt. Diesen Beziehungstyp nennt man Mutualismus.

Ich bekomme den leckeren Nektar und sie bekommt den Pollen. So haben WIR BEIDE *etwas von meinen Besuchen.*

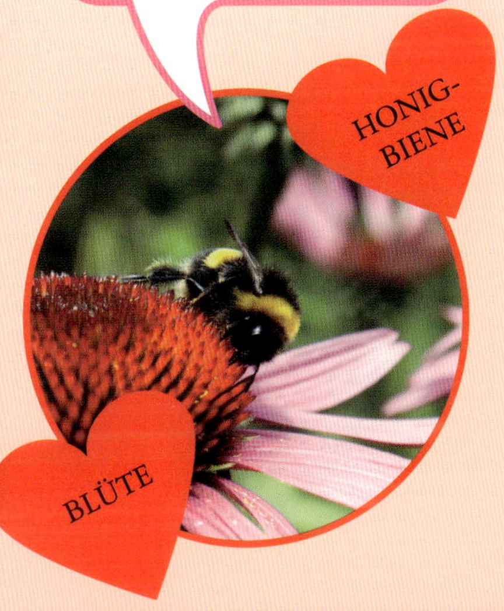

Viele Blütenpflanzen sind hinsichtlich ihrer Befruchtung oder der Verbreitung ihrer Samen auf Insekten, Vögel oder Säugetiere angewiesen. Die Tiere erhalten Nahrung – im Gegenzug helfen sie der Pflanze bei der Vermehrung. Bienen sammeln an Blüten Nektar und Pollen. Wenn sie die nächste Blüte besuchen, bestäuben sie diese nebenbei. Dadurch kann die Blüte Samen erzeugen.

Meine Algen-Untermieter und ich glauben an GEBEN *und* NEHMEN. *Aber in harten Zeiten werfe ich sie raus.*

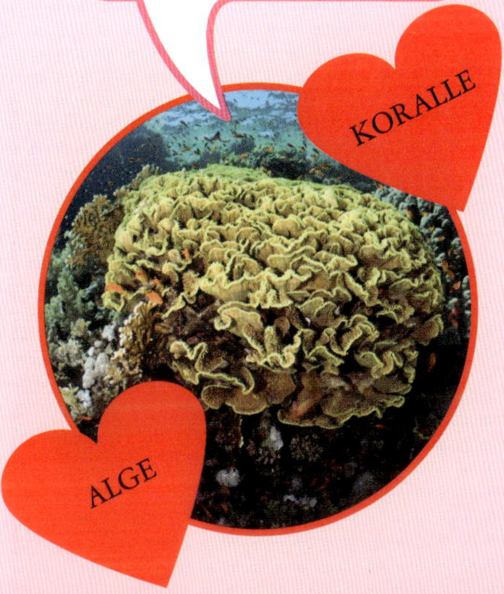

Flechten und viele Korallen beherbergen in ihrem Gewebe Algen. Im Tausch gegen Schutz und Nährstoffe bieten die Algen ihren Wirten einen Teil des Zuckers an, den sie bei der Fotosynthese erzeugen. Diejenigen Korallen, die Algen aufnehmen, achten darauf, dass diese nicht überhandnehmen. Wenn es der Koralle schlecht geht, wirft sie die Algen vorübergehend raus, kann jedoch nicht sehr lange ohne sie überleben.

Ich fand Mundhygiene furchtbar, bis ich diese Stelle entdeckt habe: Hier bin ich immer WILLKOMMEN.

Viele Fische sind auf andere angewiesen, um Fischläuse, Pilze und tote Haut loszuwerden. Auf Korallenriffen gibt es oft Putzstationen, an denen große Fische darauf warten, von kleinen Fischen oder Garnelen geputzt zu werden. Dazu signalisiert der große Fisch, dass er den Putzer nicht fressen wird, sodass sich dieser in Maul und Kiemen des anderen wagt und Nahrung sucht.

DAS GROSSE

Jeder Organismus braucht Nahrung, um zu überleben – sie liefert die Energie für seine Zellen. Ohne Energie könnten Lebewesen sich nicht bewegen, nicht atmen oder wachsen.

PRODUZENTEN & KONSUMENTEN

Organismen, die ihre Nährstoffe selbst herstellen, heißen **Produzenten**. Pflanzen produzieren Zucker und setzen dabei nur ein, was um sie herum verfügbar ist: Kohlenstoffdioxid, Wasser und Licht. Tiere können keine Nährstoffe herstellen und beziehen ihre Energie aus Pflanzen oder anderen Tieren. Sie sind **Konsumenten**.

NAHRUNGS-NETZE

ENERGIEVERLUSTE

In einer Nahrungskette wird Energie von einem Glied ans nächste übertragen, wobei immer etwas verloren geht. Frisst ein Pflanzenfresser eine Pflanze, so wird deren Energie zum Teil in seine Muskeln und Organe eingebaut. Der andere Teil hält den Tierkörper in Betrieb. Frisst ein Fleischfresser ein Tier, so übernimmt er nur den Energieanteil, der in den Muskeln und Organen der Beute steckt.

Energieverlustpyramide

Am Fuß dieser Pyramide stehen Pflanzen, in der Mitte Pflanzenfresser. Ganz oben hält sich ein einziger Fleischfresser. Es sind viele Pflanzenfresser und damit unzählige Pflanzen nötig, um einen Fleischfresser am Leben zu halten.

Produzenten stellen ihre Nährstoffe selbst her. In einer Steppe sind das beispielsweise Gräser, Kräuter, kleine Sträucher und Kakteen.

Fressen

Hab ich dich! Lecker!

Die meisten Organismen können ihre Nahrung nicht selbst herstellen und müssen daher fressen. Die, die es können, stehen somit am Anfang der Nahrungskette.

Nur wenige Nahrungsketten haben mehr als vier bis fünf Glieder, aber die meisten Tiere gehören mehreren Ketten an und decken ihren Energiebedarf aus mehreren Quellen. Diese verbundenen Ketten bilden ein Nahrungsnetz.

SELBSTREGULIERUNG

Nahrungsketten können nach einer Störung von selbst wieder ins Gleichgewicht kommen. So bedeuten weniger Maultierhirsche weniger Beute für ihre Jäger, die Kojoten. Sobald ein Teil der Kojoten verhungert ist, erholt sich die Maultierhirschpopulation wieder.

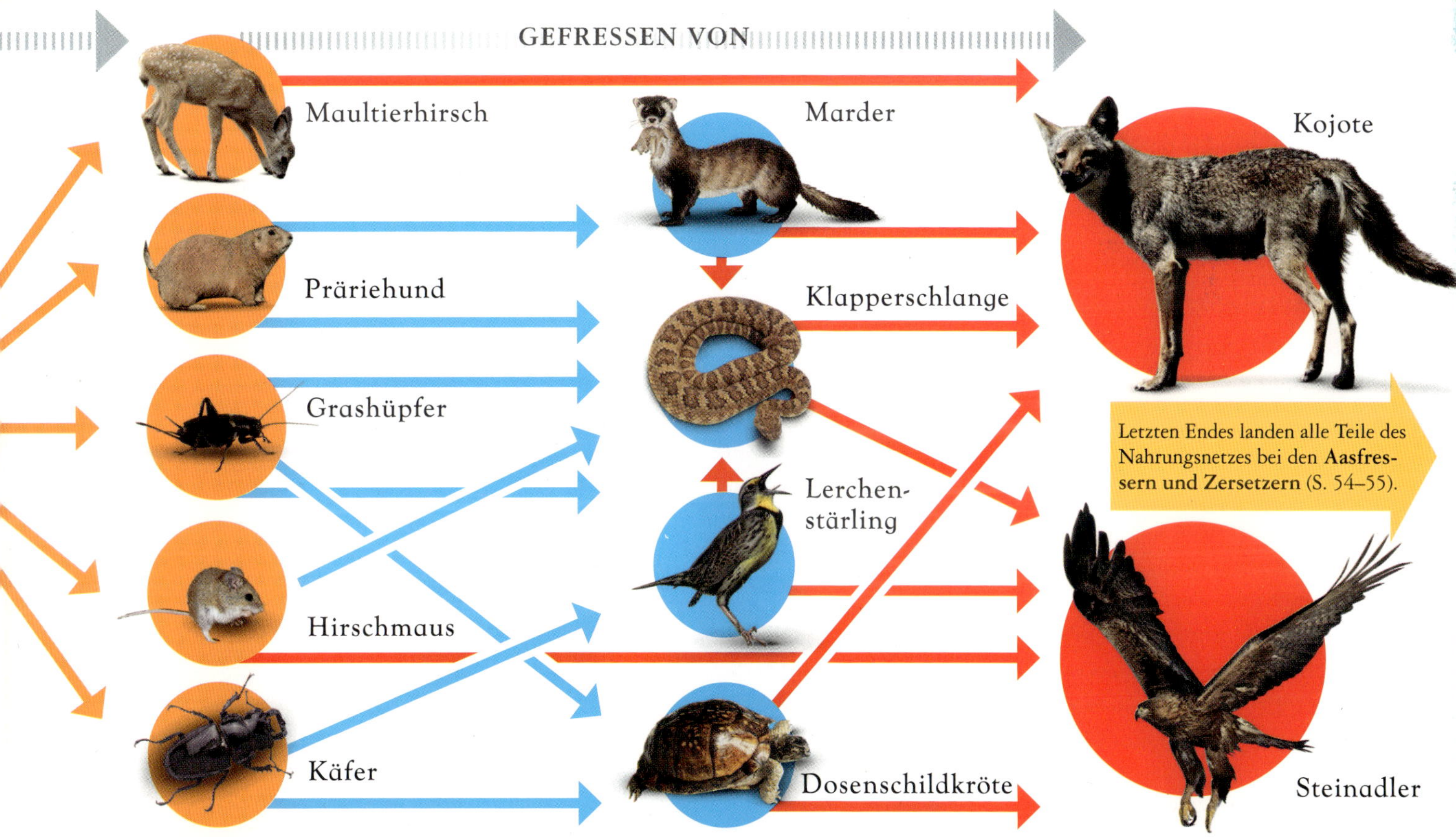

Letzten Endes landen alle Teile des Nahrungsnetzes bei den **Aasfressern und Zersetzern** (S. 54–55).

Primärkonsumenten oder Herbivoren sind Tiere, die Pflanzen fressen. Sie tragen dazu bei, dass die Vegetation nicht überhandnimmt.

Sekundärkonsumenten oder Karnivoren sind Tiere, die andere Tiere fressen. Die meisten Fleischfresser erbeuten Pflanzenfresser oder fressen Aas.

Tertiärkonsumenten stehen an der Spitze der Nahrungskette. Sie fressen sowohl andere Fleischfresser als auch Pflanzenfresser.

Die PUTZ-

Jeden Tag sterben Millionen von Pflanzen und Tieren. Wenn das schon seit Jahrmilliarden so geht, wieso ist die Erde dann nicht von einer dicken Schicht aus Kadavern überzogen?

AASFRESSER

Aasfresser sind Tiere, die anstatt lebende Tiere zu jagen, lieber tote Tiere fressen, also Aas. Aber auch viele Raubtiere verschmähen Aas nicht. Aasfresser benötigen einen empfindlichen Geruchssinn, um Kadaver zu orten – oft aus großer Entfernung. Sie haben scharfe Zähne oder Schnäbel und starke Kiefer, um Kadaver und Knochen aufzubrechen. Damit machen sie es auch kleineren Aasfressern wie Insekten oder Krähen möglich, an ihren Anteil am Aas zu kommen.

REGENWURM

Resteverwerter

Die Zellulose in den Pflanzenzellwänden ist eine gute Energiequelle, doch viele Tiere können sie nicht abbauen. Hier kommen andere Resteverwerter ins Spiel. Regenwürmer ziehen Laub in den Boden und bei den Termiten schleppen Suchtrupps Pflanzenmaterial ins Nest. Was sie nicht verwerten können, scheiden sie wieder aus.

BÄNDER-SCHNECKE

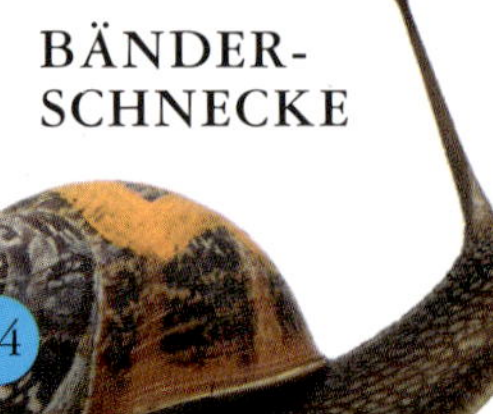

Blätter sind LECKER!

Geier sind an das Fressen von Aas bestens angepasst.

Gute Augen sind wichtig, um aus großer Flughöhe Kadaver zu sichten.

Ein kahler Kopf verhindert, dass das Gefieder beim Fressen mit Blut und Innereien verklebt.

Der lange Hals ist nützlich, um tief in den Kadaver einzudringen.

Die Magensäfte sind so stark, dass sie Fäulnisbakterien im Aas abtöten.

Scharfe Krallen sind praktisch, um einen Kadaver aufzureißen.

MISS AASFRESSER

GÄNSE-GEIER

TRUPPE

Fliegen legen ihre Eier gerne in Dreck.

Des Rätsels Lösung ist eine Gruppe von Organismen, die von den sterblichen Überresten anderer Wesen leben. Diese Aasfresser und Zersetzer sind das Aufräumkommando der Natur.

ZERSETZER

Zersetzer sind ein wichtiges Glied der Nahrungskette, weil sie organische Stoffe zu chemischen Grundbausteinen wie Kohlenstoff, Stickstoff und Sauerstoff abbauen. Diese werden an die Luft, den Boden und das Wasser zurückgegeben. Wenn Zersetzer am Werk sind, merkt man das leicht am Verwesungsgeruch und an dem glibberigen Schleim, der dabei entsteht.

ABBAU DURCH CHEMIE

Pilze

Pilze und Schimmel können keine Nährstoffe herstellen und wachsen daher auf toten Pflanzen und Tieren. Ihre wurzelähnlichen Hyphen scheiden Enzyme aus, die das Gewebe zu Nährstoffen verdauen.

Schimmelpilze

Schimmelpilze wachsen in Kolonien auf verwesender Nahrung. Sie breiten sich als Netzwerk weißer Hyphen, Myzel genannt, über die Oberfläche aus und bilden graue, grüne oder braune Sporen.

Insekten

Insekten sind wichtige Zersetzer. Viele legen ihre Eier in verwesendes Material, von dem die Larven nach dem Schlüpfen leben. Zudem nagen sie Skelette restlos blank und führen so dem Boden Nährstoffe zu.

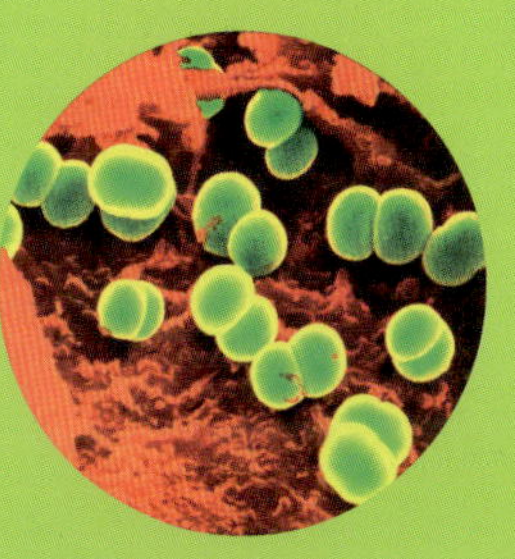

Bakterien

Bakterien gedeihen überall und können von fast allem leben. 90 % der Mikroorganismen im Boden sind Bakterien. Dort sind sie beim Abbau organischer Stoffe für den letzten Schritt zuständig.

ALLES IST BRAUCHBAR.

Wohin mit all dem Mist?

Nicht nur Kadaver müssen beseitigt werden, sondern auch Kot, denn Tiere können nicht alle Bestandteile ihrer Nahrung verwerten. Den Rest müssen sie zusammen mit toten Körperzellen ausscheiden. Zum Glück finden andere Organismen diese Haufen lecker, weshalb wir nicht knietief im Mist waten. Zersetzer stürzen sich auf den Kot, weil er schon teilweise abgebaut ist und wichtige Nährstoffe enthält.

Mistmahlzeit

Mistkäfer leben in Dung, fressen ihn und legen ihre Eier hinein. Sie stehlen sich sogar gegenseitig den wertvollen Stoff oder reiten auf Tieren und warten auf deren nächsten Haufen.

Dünger aus Dreck

Kläranlagen nutzen die Vorliebe vieler Bakterien für menschliche Ausscheidungen. Sie verwandeln Abwasser in sauberes Wasser und Dünger, der auf Feldern verteilt werden kann.

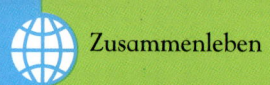

Alles im GLEICHGEWICHT?

Zwei Dinge können ein Ökosystem nachhaltig schädigen: Naturkatastrophen und menschliche Eingriffe. Ereignisse wie Vulkanausbrüche, Überschwemmungen oder Klimaveränderungen können ein Habitat verändern oder zerstören. Die darin lebenden Arten müssen sich ein neues Zuhause suchen – wer nicht fliehen kann, stirbt. Aber wenn eine Naturkatastrophe ein ganzes Ökosystem zerstört hat, kann es von anderen Arten erneut besiedelt werden.

VULKANAUSBRUCH

Naturkatastrophen ...

WIRBELSTURM

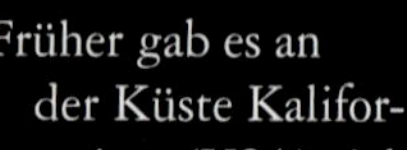

DER SCHLÜSSEL

Ein Ökosystem kann den Verlust von ein, zwei unbedeutenden Arten verkraften, aber es gibt auch Arten, ohne die es nicht bestehen könnte: die Schlüsselarten. Oft sind es kleine Raubtiere, die von einem Pflanzenfresser leben, der wiederum die wichtigste Pflanze im System frisst. Ohne das Raubtier nimmt dieser Pflanzenfresser überhand und verdrängt andere Arten.

Früher gab es an der Küste Kaliforniens (USA) viele Seeotter, doch sie wurden wegen ihres Fells fast ausgerottet. Dadurch nahm die Zahl der Seeigel (Lieblingsfutter der Otter) rapide zu. Seeigel fressen Seetang, der Fischen Unterschlupf bietet und vielen weiteren Arten als Nahrung dient. Als der Tang verschwand, brach das Ökosystem zusammen.

Ökosysteme sind komplexe Systeme aus Lebewesen und ihrem Lebensraum, in denen die Arten wie Teile eines Puzzles zueinander passen. Üblicherweise verfügt ein Ökosystem über die nötigen Mittel, alle Arten zu erhalten. Doch kaum ändert sich etwas, kann das ganze System aus dem Lot geraten.

Naturkatastrophen sind seltene, plötzliche Ereignisse, wohingegen der Mensch ständig Einfluss auf die Natur nimmt und oft stärkere Schäden anrichtet. Wir Menschen beanspruchen immer mehr Land für unsere Zwecke und zerstören dabei Lebensräume – auch im Meer.

Menschliche Eingriffe …

ABHOLZUNG

LANDSCHAFTSGESTALTER

Manche Arten tragen besonders viel zur Gestaltung und Erhaltung ihrer Umwelt bei. Präriehunde legen Baue an, in denen andere Arten leben, darunter Kaninchenkauz und Schwarzfußiltis. Außerdem lockern ihre Tunnel den Boden auf und speichern Regenwasser. Und die Präriehhunde halten das Gras kurz, sodass Raubtiere sich schlechter verstecken können.

In ihrem natürlichen Lebensraum sind Präriehunde nützlich, aber Landwirte hatten sie wegen ihrer Tunnel so auf dem Kieker, dass die Tiere in Teilen der USA fast ausgerottet wurden. Für die Schwarzfußiltisse, die sich vor allem von Präriehunden ernähren, hatte das schwere Folgen: Sie starben fast aus und mussten durch Züchtung gerettet werden.

*Überlebens*TRICKS

Das Leben ist nicht leicht:

Ein Lebewesen muss Nahrung, einen Partner und einen Unterschlupf finden und dafür sorgen, dass der Nachwuchs überlebt.

Es muss womöglich kämpfen, *Bündnisse schließen* oder andere Mittel finden, Problemen aus dem Weg zu gehen. Es muss besser und *stärker* aussehen als die Konkurrenz, eventuell *Waffen* entwickeln oder sich raffiniert *tarnen*.

Solche und noch viel mehr Tricks und Strategien helfen beim Überleben.

Heim VORTEIL

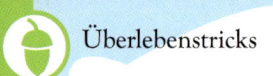

WEISSKOPFSEEADLER

Zimmer mit Aussicht

Vögel bauen Nester, um ihre Eier hineinzulegen. Manche werfen nur einige Zweige übereinander, andere weben und flechten sie aufwendig. Die kleinsten Nester, nicht größer als eine halbe Walnuss, stammen von Kolibris, die größten von Weißkopfseeadlern, die jedes Jahr zu ein und demselben Nest Zweige hinzufügen, bis es über eine Tonne wiegt. Und Webervögel bauen Gemeinschaftsnester für bis zu 300 Bewohner.

Warme Luft steigt durch Kamine auf.

BAUSTELLE

Burgen und Städte

Soziale Insekten wie Termiten und Bienen leben oft in großen Kolonien. Manche Termiten errichten aus Lehm und Speichel riesige Gebilde mit zahlreichen Kammern und Klimaanlagen, die ständig Luft durch den Bau zirkulieren lassen. Bienen und Wespen bauen in Hohlräumen – in den Tropen auch unter großen Blättern – Nester aus Wachs, Lehm oder zerkautem Holz. In Tausenden sechseckiger Wabenzellen liegen die Larven.

TERMITENHÜGEL

Im Tiefgeschoss

Viele Tiere haben unterirdische Baue. Die einen suchen dort Schutz vor Kälte, andere schlafen darin oder ziehen dort ihre Jungen auf und kommen nur zur Futter- oder Partnersuche ans Licht. Maulwürfe und Würmer verbringen das ganze Leben unter der Erde. Wer nicht graben kann, sucht sich einen leeren Bau.

Pilzgarten | Kammer der Königin | Brutkammern

Orang-Utans bauen sich jede Nacht

Viele Tiere brauchen einen Rückzugsort. Dafür kann es viele Gründe geben: Schlaf, Aufzucht der Jungen, Zuflucht vor Raubtieren oder einfach Schutz vor schlechtem Wetter. Oft reichen ein Loch in einem Baum oder ein Felsspalt, aber manche Arten bauen sich ihre Unterkunft mühsam selbst.

Na, wie geht der Ausbau da drinnen voran?

NASHORN-VOGEL

Hochhauswohnungen

Ein Loch in einem Baumstamm ist ein guter Ort, um Kinder großzuziehen. Viele Vögel und Säugetiere mögen solche Löcher, obwohl sie sich darin vor hungrigen Schlangen in Acht nehmen müssen. Die Hohlräume entstehen an Schwachstellen des Baums oder werden von Spechten ins Holz gehackt. Höhlen am Fuß eines Baums nutzen oft Bären zum Schlafen oder für die Geburt ihrer Jungen. In hohlen liegenden Baumstämmen hausen kleine Säugetiere und alle möglichen Insektenarten.

UNGEWÖHNLICHE UNTERKÜNFTE

Weiße Fledermäuse bauen im Regenwald ein Zelt aus einem großen Blatt. Dazu beißen sie die Blattadern durch und falten das Blatt.

Eisbärenweibchen graben sich im arktischen Winter im Eis ein und bringen in diesen Eishöhlen ihre Jungen zur Welt.

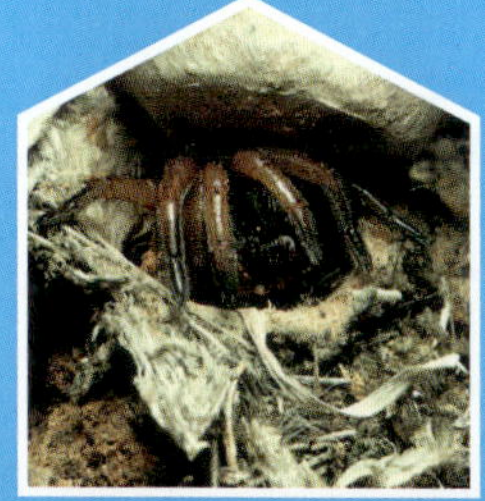

Falltürspinnen verschließen ihre Höhle mit einem Deckel. Kommt ein Insekt vorbei, heben sie den Deckel an und zerren es in die Höhle.

Im Schutz der Dunkelheit

Höhlen bieten Schutz vor ungemütlichem Wetter. Bären ziehen im Winter in Höhlen, um darin zu schlafen, Tiger ziehen sich dort vor der Hitze zurück. Fische bedienen sich der Unterwasserhöhlen und -spalten, um Feinden zu entkommen oder ihrer Beute aufzulauern und manche Meerestiere nutzen sie, um ihre Eier und Jungen zu schützen. Fledermäuse ruhen am Tag in Höhlen und kommen erst abends zur Jagd heraus.

Du hast was von einer LEEREN Höhle gesagt!

kleine Schlafnester aus ***Blättern*** und ***Zweigen***.

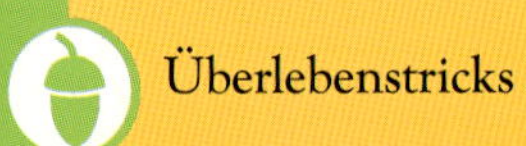

Selbstverteidigung

WARNZEICHEN

Ein Kampf ist riskant und kostet die meisten Tiere so viel Kraft, dass sie lieber erst versuchen, ihre Gegner zu entmutigen.

WARUM KÄMPFEN?

Tiere sind aus verschiedenen Gründen bereit zu kämpfen: zur Verteidigung ihres Reviers, wenn es um Nahrung oder einen Paarungspartner geht oder um ihre Jungen zu schützen. Kämpfe können zu Verletzungen oder sogar zum Tod führen, haben aber einen evolutionären Vorteil: Die Stärksten überleben und geben ihre Gene an den Nachwuchs weiter.

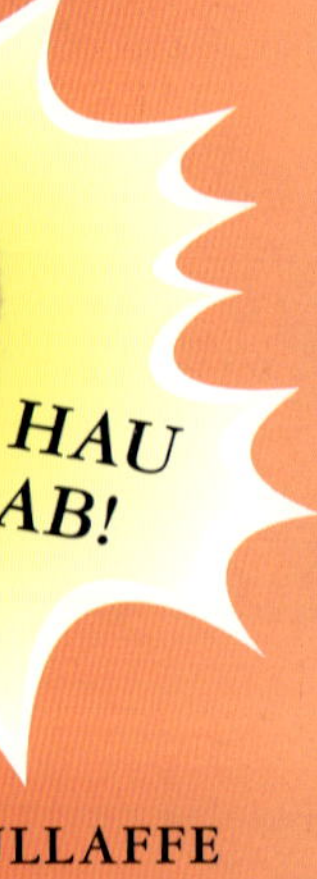

HAU AB!

BRÜLLAFFE

Lautstarke Ansprüche

Reviere werden oft durch Rufe markiert. Vögel stimmen auf speziellen Warten laute Gesänge an, um ihre Besitzansprüche kundzutun. Im Regenwald schreien Gruppen von Affen im Chor, um anderen umherstreifenden Affen klarzumachen, dass sie sich von ihren Bäumen fernhalten sollten.

Duftmarken setzen

Auch mit Gerüchen kann man seine Anwesenheit signalisieren. Viele Tiere produzieren in Drüsen stark riechende Stoffe. Wenn sie sich an Bäumen und Sträuchern reiben, hinterlassen sie Duftmarken. Urin und Kot werden ebenfalls zur Markierung eingesetzt. Aber nicht nur Artgenossen lesen diese Nachrichten: Sie warnen auch Beutetiere, dass Raubtiere in der Gegend sind.

DUNG

AB IN DEN RING

Nicht immer lässt sich ein Kampf mit einem Artgenossen vermeiden, aber meistens geht es nicht um Leben und Tod. Oft reichen ein paar Knüffe, um die Stärke des Gegenübers einzuschätzen. In den Kämpfen wird gebissen, getreten und geboxt. Sobald das schwächere Tier erkennt, dass es nicht gewinnen kann, signalisiert es dem Gegenüber, dass es aufgibt.

Kämpfen gehört zum Leben vieler Tiere dazu. Sie tun es nicht, weil sie Gewalt mögen, sondern um ihr eigenes Überleben und das ihrer Jungen zu sichern.

BIS HIERHER UND NICHT WEITER!

Auch wenn ein Konkurrent ins Revier eindringt, muss es nicht unbedingt zum Kampf kommen. Mit ein paar Tricks lässt sich der Störenfried vertreiben.

Auf die Hinterbeine

Sich selbst größer machen als das Gegenüber ist eine nützliche Taktik. Wer sich auf die Hinterbeine stellt, macht sich größer, und wer seine Breitseite präsentiert, wirkt massiger. Krebse und Skorpione winken außerdem herausfordernd mit riesigen Zangen.

KRAGENBÄR

Mit geschwollenem Kamm

Um größer zu wirken als der Rivale, kann man sich kräftig aufplustern. Vögel spreizen das Gefieder, strecken die Flügel aus oder lassen ihren Kamm anschwellen. Manche Chamäleons und andere Reptilien pumpen sich mit Luft auf und Elefanten spreizen trompetend die Ohren ab.

KRAGEN-ECHSE

Spuck's aus!

Speichel ist harmlos, aber manchmal unangenehm. Lamas sind Meister darin, andere mit Nahrungsbrei zu bespucken, Eissturmvögel wehren sich mit Salven von klebrigem Magenöl, aber am schlimmsten ist die Kobra: Sie spritzt Angreifern Gift in die Augen.

LAMA

Das Maul aufreißen

Auch Knurren und Zischen sind gute Abschreckungssignale. Hunde bellen, Katzen fauchen, Schweine knirschen mit den Zähnen. Krokodile klappen das Maul auf und präsentieren ihre beeindruckenden Dolchzähne. Auch Vögel reißen den Schnabel auf und Blauzungenskinke zeigen zischend ihre blaue Zunge vor.

KROKODIL

SCHNAPP

SCHNAPP

SCHNAPP

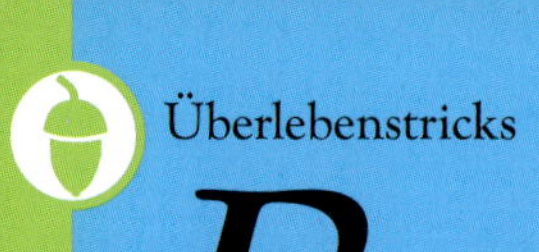

*Banden*BILDUNG

Schon mal bemerkt, dass manche Tiere nie allein unterwegs sind? Ob nun Gnuherden, Gänsescharen oder Fischschwärme – einige Arten leben in Gruppenverbänden. Da wird es zwar manchmal eng, aber es zahlt sich aus, Teil eines Teams zu sein.

WER GEHÖRT DAZU?

Der Aufbau der Gruppen unterscheidet sich von Art zu Art. Oft schließen sich Männchen und Weibchen oder Jung und Alt zusammen – oder alle sind gleich alt oder haben dasselbe Geschlecht. Bei vielen Arten schließen sich die Jungtiere fremden Gruppen an oder bilden neue. Elefantenkühe bleiben ein Leben lang in derselben Gruppe und geben ihr Wissen weiter.

ICH BIN DER OBERAFFE!

Schutz in der Menge

Für ein Gnu wäre das Alleinleben zu gefährlich: Es würde sofort einem hungrigen Löwen in die Fänge geraten. Wer sich unter 99 weitere Gnus mischt, verringert das Risiko, das nächste Opfer zu sein, von 100 auf 1 %. Außerdem halten 99 weitere Augenpaare nach Raubtieren und guten Weidegründen Ausschau. Der Nachteil ist, dass es an einer Stelle nie genug Futter für alle gibt und die Herde daher umherziehen muss.

Treibt sie sich schon wieder allein herum?

GNUS

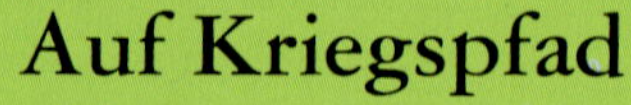

Auf Kriegspfad

Beim Kampf um Lebensraum oder um Ressourcen ist eine zahlenmäßige Übermacht von Vorteil. Bei Ameisen streiten manchmal ganze Heerscharen stundenlang um ein Revier, wobei die Tiere ihre Gegner beißen und mit ihnen ringen. Nur wenige werden wirklich getötet, aber die Scharmützel können sich über Wochen hinziehen, bis eines der Ameisenvölker das Territorium endgültig einnimmt.

ZWEI AMEISENVÖLKER

WARUM MUSS
IMMER *ich* DIE
KINDER HÜTEN?

Babysitting

Dass Eltern ihren Nachwuchs versorgen, wundert niemanden, aber manchmal springen andere Mitglieder der Gemeinschaft ein und füttern oder hüten die Jungen. In einer Großfamilie oder einem Clan bekommt oft nur das dominante Paar Kinder. Während die Eltern auf der Jagd sind, passen dann die älteren Kids auf die jüngsten auf und bringen den kleinen Geschwistern lebenswichtige Fähigkeiten bei.

SCHIMPANSEN

AUF DER JAGD

Wer im Rudel jagt, kann auch Tiere erbeuten, die allein kaum zu überwältigen wären. Die Angriffe werden sorgfältig abgestimmt – jeder weiß, was er zu tun hat: vorstoßen oder die Beute in die Enge treiben. Doch sobald die Beute erlegt ist, zählt nur die Hierarchie: Der Anführer frisst zuerst und sichert sich die saftigsten Brocken.

Immer füreinander da

In einer Gruppe ist immer jemand da, der einen von lästigen Parasiten, die an schwer erreichbaren Stellen sitzen, befreit und an den man sich in einer kalten Nacht kuscheln kann. Andererseits können sich Parasiten und Krankheiten in großen Gruppen schneller ausbreiten. Die Vorteile überwiegen aber, zum Beispiel wenn es darum geht, eine Wohnhöhle zu bauen.

AFRIKANISCHE WILDHUNDE

ERDMÄNNCHEN

Mir nach,
Ladys ...

HÜHNER

Hackordnung

Nicht alle Mitglieder einer Gruppe haben denselben Rang. Meist gibt es einige dominante Tiere, die beim Fressen, bei der Schlafplatz- und Partnerwahl zuerst an der Reihe sind. Rangniedrige Tiere müssen oft betteln oder stehlen. Um seine Position zu halten oder zu verbessern, muss man Bündnisse schließen und zum Kampf bereit sein. Ist die Rangordnung erst einmal geklärt, lässt die Aggression nach.

Leben *in* der KOLONIE

Das Leben in Gruppen hat Vorteile, aber wenn sich Tausende oder sogar Millionen Artgenossen zusammenschließen, muss das gut geregelt werden. Viele Insekten leben und arbeiten in Völkern, um zu überleben. Willkommen in der Kolonie!

SUPERORGANISMEN

Tiere, die ganzjährig in Kolonien zusammenleben, haben strikte Regeln und starre Hierarchien. Jedes Individuum ist dann wie eine Zelle in einem großen Organismus. Tiere, die so leben, werden „eusozial" genannt. Wie ein „Superorganismus" zusammenzuarbeiten, hat gewisse Vorteile. Durch effektive Arbeitsteilung – bei Nestbau, Abwehr von Feinden, Fortpflanzung usw. – kann eine solche Kolonie sehr groß und viele Jahrzehnte alt werden.

Die meisten Kolonien haben dieselbe Grundstruktur: An der Spitze steht ein einzelnes Weibchen, meist Königin genannt. Der Rest besteht vor allem aus Arbeiterinnen und Soldatinnen. Alle sind nahe Verwandte. Nur die Königin pflanzt sich fort, die Arbeiter sind unfruchtbar. Es gibt einige wenige Männchen, die sich mit der Königin paaren.

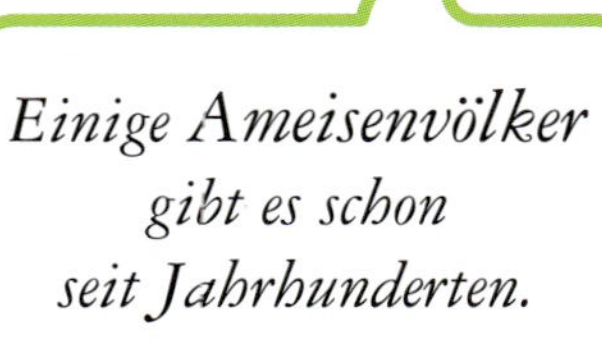

Einige Ameisenvölker gibt es schon seit Jahrhunderten.

Ameisenarmee

Blattschneiderameisen leben in beeindruckend großen Völkern mit manchmal mehreren Millionen Angehörigen. In jedem Volk kümmern sich Arbeiterinnen um die langlebige Königin und ihren Nachwuchs. Für die einzelnen Aufgaben gibt es jeweils eine Gruppe (Kaste): Eine liefert Blätter an, eine andere zerkaut diese. Mit dem Blätterbrei werden Pilze gedüngt, die dann geerntet und an die Larven verfüttert werden. Das ganze Nest wird von Soldatinnen beschützt, die viel größer als die Arbeiterinnen sind und starke Beißzangen haben, um Eindringlinge zu töten.

Bienenkönigin

In einer Honigbienenkolonie paart sich die Königin mit mehreren Männchen und sorgt so für eine gute Durchmischung der Gene. In den folgenden Jahren legt sie bis zu 2000 Eier am Tag – mehr als ihr eigenes Körpergewicht! Aus befruchteten Eiern werden Arbeiterinnen, aus unbefruchteten die männlichen Drohnen.

Arbeiterinnen teilen sich mit einem besonderen **„Schwänzeltanz“** mit, wo gute Nahrungsquellen liegen.

Ältere Arbeiterinnen verlassen den Stock und sammeln Pollen und Nektar.

Die Königin ist von Arbeiterinnen umgeben, die sich um alles kümmern.

Junge Arbeiterinnen säubern den Bienenstock und füttern die Larven.

Larven, die nur mit *Gelée Royale* gefüttert werden, werden zu Königinnen.

Nackt- und Graumulle

Die einzigen Wirbeltiere, die solche Kolonien bilden, sind zwei Arten von Sandgräbern. Ihre Kolonien sind nicht so groß wie Insektenvölker, zudem ist das Verhältnis der Geschlechter ausgewogener. Bei den Nacktmullen müssen die kleinsten am härtesten arbeiten. Sobald sie ausgewachsen sind, bewachen sie das Nest und verteidigen es im Ernstfall bis in den Tod.

Puh, was für eine Schufterei. Hoffentlich bin ich bald zu groß dafür!

Die kleinsten Nacktmulle graben und säubern die Gänge des Baus.

Sie schließen sich zu einer Kette zusammen, um die Erde an die Oberfläche zu verfrachten.

Wenn Nacktmulle größer werden, arbeiten sie nicht mehr so hart und halten sich in der zentralen Nestkammer auf.

Nur die Königin bekommt Kinder. Deren Aufzucht überlässt sie den Arbeitern. Sie verbringt ihre Zeit vor allem im Gangsystem, wo sie die Arbeit der anderen kontrolliert.

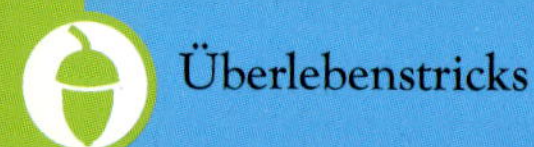

ES GEHT AUCH OHNE

Sexuelle Fortpflanzung ist nicht der einzige Weg, sich zu vermehren. Korallenanemonen und Plattwürmer beispielsweise vermehren sich durch Teilung.

Neue Anemone

Einzeltier

Durchschnürung

TEILUNG DER KRONENANEMONE

Andere Anemonen und Süßwasserpolypen (Hydra) setzen auf Knospung: Das neue Tier wächst aus der „Mutter" heraus und wird später abgetrennt.

KNOSPENDE HYDRA

Parthenogenese (Jungfernzeugung) ist vor allem von Blattläusen bekannt: Die Eier entwickeln sich ohne Befruchtung weiter. Alle Jungtiere sind weiblich und mit der Mutter genetisch identisch, also Klone. Klonen ist eine gute Methode, sich schnell stark zu vermehren, wenn es gerade genug Futter gibt. Forscher fanden vor Kurzem heraus, dass sich auch Komodowaran-Weibchen mittels Jungfernzeugung vermehren können.

KOMODOWARAN

Ich will mal genau so werden wie du, Mami!

Seid fruchtbar und MEHRET

Anpassung und Überleben

Eine der wichtigsten Voraussetzungen für das Überleben einer Art ist ihre Fähigkeit, mit neuen Umweltbedingungen zurechtzukommen. Dafür müssen Tiere möglichst viele Nachkommen in die Welt setzen, die sich ein bisschen von ihren Eltern und Geschwistern unterscheiden, sodass mit der Zeit neue Merkmale entstehen. Die meisten Tiere vermehren sich durch sexuelle Fortpflanzung. Dabei wird aus den Keimzellen – Eiern und Spermien – mütterliche und väterliche DNA vermischt (S. 15). So werden zahlreiche DNA-Varianten an die Jungen weitergegeben, sodass die Population Umweltveränderungen leichter überlebt.

Partnersuche

Tiere, die das ganze Jahr über in einer großen Gruppe von Artgenossen leben, finden leicht einen Paarungspartner. Aber wie pflanzen sich Einzelgänger fort – oder Lebewesen, die sich nicht vom Fleck bewegen können?

Werbung: Tiere stoßen Rufe aus, hinterlassen Duftspuren oder legen ein buntes Balzkleid an. Der Nachteil: So lockt man nicht nur eine Liebste oder einen Liebsten an, sondern auch Raubtiere und Parasiten.

Balzplätze: Menschen gehen in Clubs oder Bars – Tiere wie Wasserböcke und einige Schmetterlinge versammeln sich an festen Balzplätzen. Dort kämpfen die Männchen um die besten Stellen, um sich den Weibchen zu präsentieren. Diese betrachten und bewerten deren Tanzbewegungen und Aussehen, bevor sie sich entscheiden.

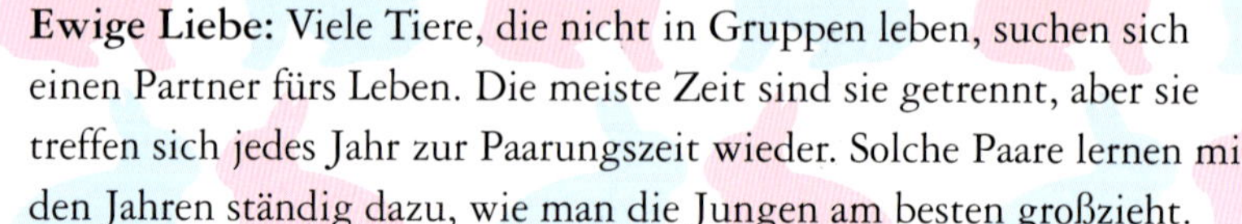

Ewige Liebe: Viele Tiere, die nicht in Gruppen leben, suchen sich einen Partner fürs Leben. Die meiste Zeit sind sie getrennt, aber sie treffen sich jedes Jahr zur Paarungszeit wieder. Solche Paare lernen mit den Jahren ständig dazu, wie man die Jungen am besten großzieht.

Damit ein Tier vorteilhafte Gene weitergeben kann, muss es so lange überleben, bis es fähig ist, sich fortzupflanzen. Gelingt das, hinterlässt es viele Nachfahren, die noch besser an ihre Umwelt angepasst sind. Zur Fortpflanzung gehören meist Partnersuche, Paarung und Aufzucht der Jungen, bis diese selbstständig sind. Aber manche Tiere machen es anders.

KANINCHEN werden schnell geschlechtsreif – ihre Generationen wechseln schnell.

EUCH!

Paarung mit sich selbst: Einige Schnecken, Muscheln und Schildläuse können sowohl Eier als auch Spermien produzieren. Man nennt sie Hermaphroditen. Wenn kein Partner verfügbar ist, befruchten sie ihre Eier selbst. Allerdings ist das nur eine Notlösung.

Seitenwechsel: Manche Tiere wechseln in einer bestimmten Lebensphase oder unter bestimmten Umweltbedingungen das Geschlecht. Meist sind dies Fische, Frösche und andere hermaphroditische Arten.

Gleichzeitiges Laichen: Steinkorallen stimmen ihre Fortpflanzungsaktivitäten so mit den Nachbarkolonien ab, dass alle ihre Eier und Spermien gleichzeitig ins Wasser entlassen. Die Strömung vermischt sie und trägt die befruchteten Eier an neue Siedlungsplätze. Auch manche Fische bilden riesige Schwärme, um gemeinsam abzulaichen.

MASSE ODER KLASSE?

Im Tierreich gibt es beim Kinderkriegen zwei Strategien: Entweder man setzt sehr viele in die Welt oder ganz wenige. Wer sich nicht um seine Jungen kümmert, hat meistens sehr viele, da der größte Teil stirbt, bevor sie selbst geschlechtsreif werden.

Froschweibchen produzieren glibberigen Laich, der viele Eier enthält. Vom Männchen befruchtet, werden diese zu Kaulquappen und dann zu Fröschen – oder sie werden gefressen.

999 *Eier … hoffentlich überleben ein paar davon ohne mein Zutun!*

FROSCH MIT LAICH

Wie viel Zeit ein Tier mit der Aufzucht seiner Jungen zubringt, hängt davon ab, wie lange es dauert, bis diese allein zurechtkommen. Soziale Säugetiere mit großen Gehirnen wie Menschen und Elefanten bekommen meist nur ein Baby auf einmal, weil ein Kind Jahre braucht, um genug zu lernen.

MENSCHEN

TARNEN &

Tiere gibt es in vielen Schattierungen. Manche sind graubraun, andere gescheckt und wieder andere schimmern wie ein Regenbogen. Es gibt gute Gründe für all diese Farben und Muster ...

Es geht immer um dasselbe: das Überleben der Art.

EINER VON UNS

Viele Tiere erkennen ihre Artgenossen an der Färbung. Doch nicht alle Tiere können Farben sehen – manche erkennen nur verschiedene Muster aus Hell und Dunkel. Andere nehmen auch infrarotes oder ultraviolettes Licht wahr, das wir nicht sehen können. Tiere, die sehr gut Farben sehen können, sind oft selbst sehr bunt.

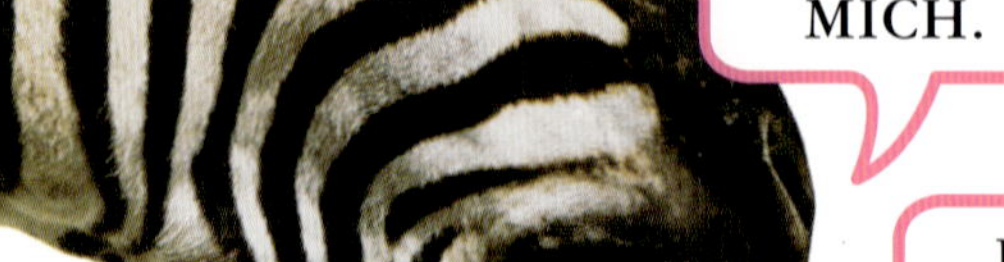
JETZT SIEHST DU MICH.

JETZT NICHT MEHR.

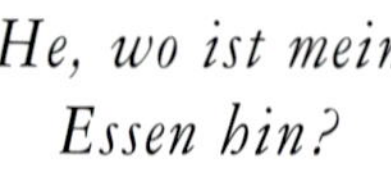
He, wo ist mein Essen hin?

Tarnfarben

Die Fähigkeit, mit dem Hintergrund zu verschmelzen, ist für viele ein großer Vorteil. Raubtiere können sich so unbemerkt an ihre Beute heranpirschen und haben mehr Erfolg bei der Jagd. Und Beutetiere, die sich tarnen, werden von Raubtieren nicht so leicht entdeckt.

Punkte und Streifen lassen die Umrisse von Tieren, die im Wald oder im hohen Gras leben, verschwimmen.

Löwen sehen nur Grautöne.

Um sich zu ***tarnen,*** sieht man am besten wie ***etwas anderes*** aus. Das

Ein *Zweig* oder ...

STABSCHRECKE

Ein *Blatt* oder ...

WANDELNDES BLATT

Ein *Dorn* oder ...

BUCKELZIRPE

Die Tarnung durch Ähnlichkeit mit etwas anderem wird als Mimikry bezeichnet. Manche Tiere sehen wie totes Laub, Seetang, Zweiglein oder Vogelkot aus. Fressfeinde halten sie dann für etwas, das sie nicht interessiert oder für sie giftig ist.

Vögel verschmähen Schwebfliegen, weil diese wie Wespen aussehen, die zustechen, wenn sie gefressen werden. Blütenähnliche Fangschrecken nutzen ihre Tarnung nicht nur, um sich zu verstecken, sondern locken dadurch ihre Beute regelrecht an.

PROTZEN

Finger weg!

Wenn es ums Verstecken geht, sind trübe Farben wie Beige, Grau und Braun am besten geeignet. Aber wer auffallen will, trägt Signalfarben. Arten, die giftig sind oder widerlich schmecken, machen mit leuchtenden Farben darauf aufmerksam. Rot, Weiß, Gelb und Schwarz bedeuten meistens: „Rühr mich nicht an!“

Täuschung

Leuchtende Farben können auch der Täuschung dienen. Einige Schmetterlinge und Falterfische tragen bunte Kreise auf den Hinterflügeln oder am Schwanz, die Augen ähneln. Fressfeinde zielen dann häufig vermeintlich auf den Kopf, was dem Opfer erlaubt zu fliehen, ohne großen Schaden zu erleiden.

FARBWECHSEL

Einige Tiere können ihre Farbe ändern. Schneehasen (siehe Fotos) tauschen ihr bräunliches Sommerkleid im Winter gegen ein weißes Fell ein, mit dem sie im Schnee perfekt getarnt sind. Bei anderen Tieren wie Chamäleons oder Kalmaren sind rasche Farbwechsel eine Sache des Willens. So drücken sie Stimmungen aus oder werben um Partner. Viele Echsen beeinflussen durch Farbwechsel ihre Wärmeaufnahme.

SOMMER

WINTER

hier sind die MEISTER DER TARNUNG:

Eine Blüte oder ...

FANGSCHRECKE

Eine Biene oder ...

BIENEN-RAGWURZ

Auch Pflanzen betreiben Mimikry: Die Bienen-Ragwurz ähnelt einem Bienenweibchen und lockt so Drohnen an, die sich mit ihr zu paaren versuchen. Dabei bestäuben sie die Blüte.

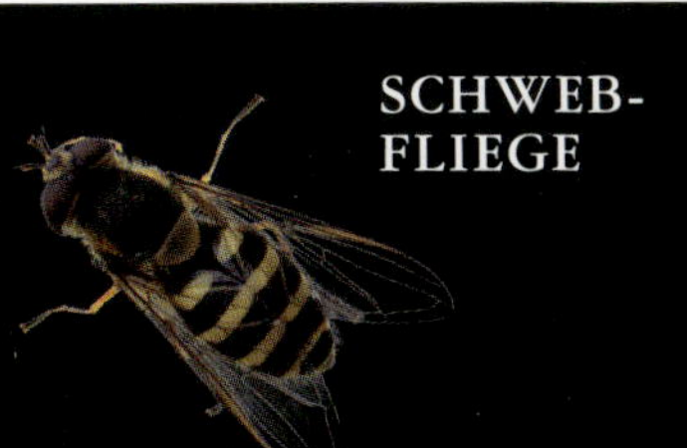

SCHWEB-FLIEGE

PRUNK-GEWÄNDER

Viele Tiere setzen Farbe nicht zur Abschreckung, sondern als Lockmittel ein. Meist ist das Männchen prächtiger gekleidet als das Weibchen.

PFAUENHENNE

PFAUEN-HAHN

Der Hauptzweck besteht darin, eine Partnerin zu beeindrucken. Die stärksten und gesündesten Männchen haben die kräftigsten Farben und die symmetrischsten Muster und locken so die meisten Weibchen an. Pfauenhennen bevorzugen Männchen, die mehr Pfauenaugen auf dem Schwanz haben als die Konkurrenz.

Nicht nur Farben, sondern auch anderer Schmuck wie ein großes Geweih erhöhen die Paarungschancen.

ROT-HIRSCH

Tödliche WAFFEN

Ein schneller Biss

Gift ist zwar auch eine sehr effektive Verteidigungswaffe, aber meistens wird es eingesetzt, um Beute zu betäuben oder zu töten. Spinnen und Schlangen verabreichen es ihren Opfern durch Bisse. Dazu haben Schlangen hohle Giftzähne, deren Kanäle mit Giftdrüsen im Oberkiefer verbunden sind.

KLAPPERSCHLANGE

Mein giftiger Stachel schützt mich vor hungrigen Feinden – und hilft mir, Beute zu machen.

SKORPION

WESPE

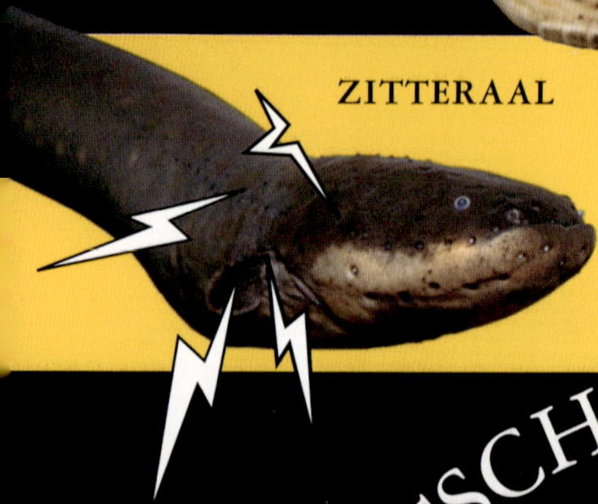

ZITTERAAL

Was für ein Schock!

Einige Fische versetzen ihrer Beute und Fressfeinden Elektroschocks. Zitterrochen, Sterngucker und Zitteraale haben Zellen, die elektrische Spannung erzeugen – Zitteraale bringen es dabei auf bis zu 650 Volt. Meistens nutzen die Fische diese Fähigkeit zur Orientierung und nur selten zum Töten.

AUTSCH!

FEUERFISCH

STACHELSCHWEIN

MEERESNACKTSCHNECKE

Ekelerregender Schleim

Viele Wirbellose, Reptilien und Amphibien scheiden durch die Haut oder aus besonderen Drüsen abstoßend schmeckende, manchmal auch giftige Stoffe aus. Ihre Gegner warnen sie durch Signalfarben. Anders machen es einige Frösche: Sie fressen giftige Käfer und gewinnen dadurch selbst Gift.

KNALLKREBS

Scherenhände und Pistolenschüsse

Auch Klauen können Widersacher auf Abstand halten. Die Scheren, mit denen Hummer, Skorpione und Winkerkrabben bestückt sind, können mit großer Kraft zuklappen. Knallkrebse haben eine riesige Schere, die sich so schnell schließt, dass eine Blase entsteht. Fällt sie zusammen, knallt es so laut, dass der Schalldruck Räuber und Beute lähmen kann.

Komm uns nicht zu nahe, wir sind *gefährlich!*

Jedes Tier und jede Pflanze läuft Gefahr, von einem anderen Lebewesen gefressen zu werden. Statt sich in ihr Schicksal zu fügen, haben viele Arten Mittel entwickelt, sich zur Wehr zu setzen. Diese beeindruckend gefährlichen Stich-, Greif- und Giftwaffen werden oft auch dazu benutzt, selbst zu jagen.

SCHWARZE WITWE

ACHTUNG: ICH BIN KLEIN, ABER TÖDLICH!

Stachelschwanz

Gift wird auch mittels Stacheln gespritzt. Sie sitzen meist am Körperende von Insekten wie Bienen und Wespen oder am Schwanz von Skorpionen und dienen dazu, größere Tiere abzuschrecken oder Beute zu töten. Viele wirbellose Meerestiere schießen aus ihren Tentakeln Mini-Harpunen ab.

STERNGUCKER

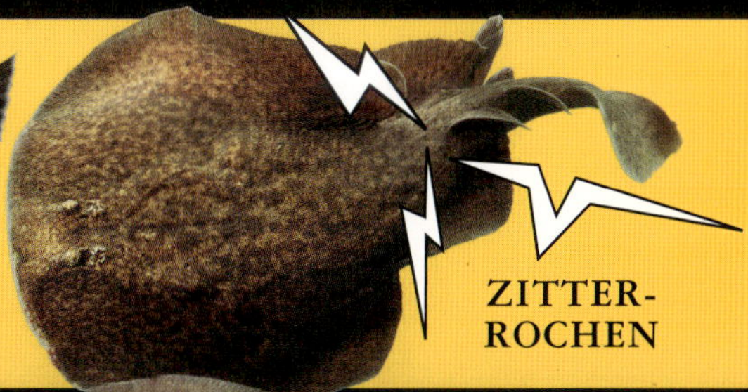

ZITTER-ROCHEN

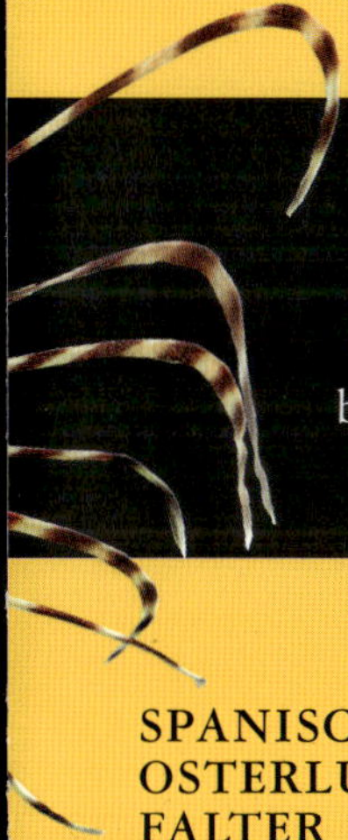

Widerborstige Biester

Auch Stacheln oder Dornen sind gute Waffen. Stachelschweine und Igel haben feste, hohle Stacheln, die sie aufrichten, wenn sie bedroht werden. Bei Fischen wie dem Feuerfisch oder dem Petermännchen enthalten die Stacheln zudem Gift.

SPANISCHER OSTERLUZEI-FALTER

Ich bin nicht so lecker, wie ich aussehe!

TASCHENKREBS

NOCH MEHR ABWEHRTRICKS

Vogelspinnen können Haare, die auf ihrem Hinterleib wachsen, auf Feinde schleudern. Die Haare haben Widerhaken und reizen die Haut.

Stinktiere und Stinkdachse können aus Drüsen an der Schwanzwurzel eine ekelhaft riechende Flüssigkeit verspritzen – zielgenau und bis zu 4 m weit.

Bestimmte Krabben lassen Seeanemonen auf ihren Scheren wachsen, mit denen sie zur Abschreckung herumwedeln, wenn Gefahr droht.

Krötenechsen verspritzen bei Gefahr aus einer Drüse im Augenwinkel Blut. Das Blut enthält eine übelriechende Substanz, die Feinde auf Abstand hält.

Ausbeutung

Einige Lebewesen versuchen auf Kosten anderer zu leben. Oft kommen sie damit durch, aber es zahlt sich nicht immer aus. Zwar ist die Strategie alle

Sechs Opfer brechen ihr Schweigen über

Ich wusste nicht, dass er in mir lebt, aber ich hatte das komische Gefühl, für zwei zu essen.
OPFER
Kuh
TÄTER
Bandwurm

Ich war nur ein paar Stunden weg, und als ich wiederkam, war er bei mir eingezogen.
OPFER
Gopherschildkröte
TÄTER
Kaninchenkauz

Dieser Typ hat mir das Essen aus dem Schnabel geklaut – am helllichten Tag!
OPFER
Pelikan
TÄTER
Galápagos-Pinguin

DARMPARASITEN

Generell sind Parasiten Organismen, die *in* oder *auf* einer anderen Art leben. Sie leben auch *von* ihr, indem sie ihr Nährstoffe entziehen, die sie nicht selbst herstellen oder suchen können. Manche Parasiten haben nur einen Wirt, andere befallen während ihrer Entwicklung vom Ei über die Larve zum erwachsenen Tier mehrere Arten. Bandwürmer leben von halb verdauter Nahrung im Darm ihrer Wirte, zuweilen auch in Menschen.

HAUSBESETZER

Sich eine ordentliche Bleibe einzurichten, ist sehr viel Arbeit. Darum beziehen einige Arten lieber eine fertige Behausung. Kaninchenkäuze übernehmen manchmal die fertigen Baue der in Amerika lebenden Gopherschildkröten. Auch die Erdferkel oder Präriehunde bringen oft Tage mit dem Bau ihrer Höhlen zu. Doch wenn sie einmal nicht da sind, besetzt oft ein anderes Tier den mühsam gegrabenen Bau.

DIEBE & RÄUBER

Warum selbst stundenlang nach Futter suchen, wenn man es einfach stibitzen kann? Viele Tiere setzen ihre Größe, Stärke oder Frechheit ein, um anderen ihre Mahlzeit abzunehmen. Einige berauben sogar Artgenossen. Statt selbst Fische zu fangen, stellen Galápagos-Pinguine oft Pelikanen nach und zwingen sie, den Schnabel zu öffnen. Sie risikieren dabei allerdings Verletzungen, da ihre Opfer sich manchmal wehren.

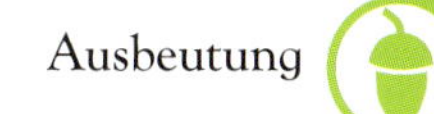

überlebenswichtigen Arbeiten von einer anderen Art erledigen zu lassen, nicht schlecht, aber nur solange man es nicht übertreibt.

Auch Pflanzen tun es: Die Mistel ist eine parasitische Pflanze, die auf Bäumen lebt. Ihre Wurzeln stemmen Risse in die Rinde der Äste, dringen ins Holz ein und saugen so Wasser und Nährstoffe aus dem Baum.

die schändlichen Taten ihrer Peiniger:

Ich wurde zum Zombie – die haben mich ferngesteuert! Ist das nicht gruselig?
OPFER
Raupe
TÄTER
Brackwespe

Ich dachte, wir wären Freunde, aber dann haben sie uns verraten und zu Sklaven gemacht.
OPFER
Ameise
TÄTER
andere Ameise

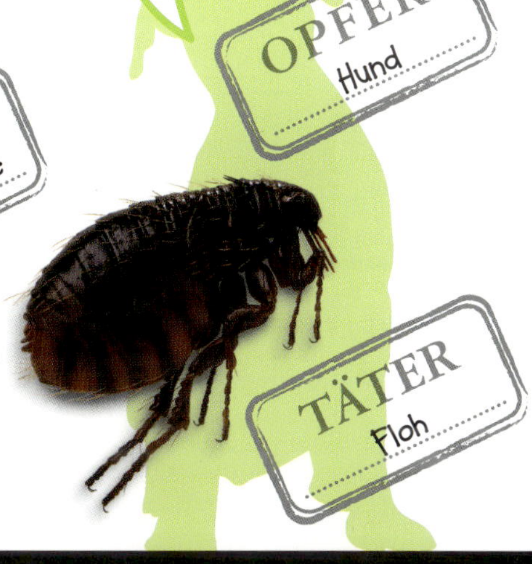

Kratz, kratz, kratz – das Jucken hat mich ganz fertiggemacht. Sie haben nicht mal gefragt, ob ich sie mitnehme.
OPFER
Hund
TÄTER
Floh

BRUTPARASITEN & MANIPULATOREN

Die Aufzucht von Jungen ist so mühsam, dass einige Arten diese Aufgabe auslagern. Bestimmte Insekten und Vögel – wie etwa Kuckucke – legen ihre Eier in die Nester ihrer Wirte und bringen diese dazu, ihren Nachwuchs zusammen mit dem eigenen zu versorgen. Schlupf- und Brackwespen sind noch gemeiner: Sie legen ihre Eier in Raupen. Ihre Larven geben dann eine Chemikalie ab, mit der sie das Verhalten der Raupen steuern.

SKLAVENHALTER & TYRANNEN

Viele Ameisenarten versklaven andere Ameisen, indem sie in deren Kolonien eindringen und sie übernehmen oder Eier rauben und die Larven zu Dienern heranziehen. Diese kümmern sich dann um die fremde Königin und deren Eier, suchen Nahrung und verteidigen die Kolonie gegen Angreifer. Die Sklaven tragen ihre Herren sogar in ein neues Nest. Jedoch manchmal wehren sich die Gefangenen und töten die Larven ihrer Unterdrücker.

BLINDE PASSAGIERE & BLUTSAUGER

Wer sich herumtragen lässt, muss keine Energie an die Nahrungssuche verschwenden. Zecken, Läuse und Flöhe springen auf vorbeikommende Säugetiere und saugen dort Blut oder lassen sich zu einem neuen Wirt mitnehmen. So docken etwa Schildfische, die schlechte Schwimmer sind, mit ihren Saugnäpfen an größere Fische an und Rippenquallen sind oft von Flohkrebsen besiedelt, die Löcher in ihre Wirte bohren.

Fernreisen

Dafür, dass Tiere regelmäßig weiterziehen, gibt es viele Gründe. Einige Arten brechen jedes Jahr zur selben Zeit auf, andere müssen ihren Lebensraum auf Dauer verlassen, weil die Umwelt sich verändert hat. Nicht alle Tiere einer Art wandern, oft sind es nur die fortpflanzungsfähigen Individuen.

Überbevölkerung

Wenn für eine Population der Raum zu klein oder die Nahrung zu knapp wird, muss ein Teil der Tiere fortziehen. Heuschrecken oder Lemminge gehen dann oft in riesigen Gruppen auf Wanderschaft.

Ich weiß gar nicht, wieso die mir alle folgen: Ich hab doch keine Ahnung, wohin ich fliege!

Partnersuche

Allein lebende Tiere wandern oft, um einen Partner zu finden. So ziehen jedes Jahr Millionen Weihnachtsinsel-Krabben für einige Wochen aus ihren Regenwaldhöhlen an den Strand des Indischen Ozeans, um sich zu paaren und ihre Eier im Wasser abzulegen.

Wissen, wo es langgeht

Einige Tiere ziehen Tausende von Kilometern weit, ohne die Reise schon einmal gemacht zu haben. Woher kennen sie die Route? Wer allein reist, wird von seinen Genen gelenkt. Andere wie Gänse und Schwalben schließen sich erfahrenen Artgenossen an. Diese orientieren sich an markanten Stellen und an der Stellung von Sonne, Mond und Sternen. Einige Vogelarten haben auch einen inneren Kompass und orientieren sich am Erdmagnetfeld.

Nomaden

Für einige Tiere gehört es dazu, ständig von Ort zu Ort zu ziehen. Grasfresser wie Vikunjas, Guanakos (Bild) oder Zebras sind ständig unterwegs. Sie folgen dabei keinen festen Routen, sondern ziehen einfach dorthin, wo es frisches Gras gibt.

Küstenseeschwalben **fliegen jedes Jahr von Pol zu Pol**

Der Anblick Tausender Tiere, die gemeinsam durch die Landschaft ziehen, ist bewegend. Aber warum tun sie das überhaupt? Es geht ihnen nicht um einen Tapetenwechsel: Diese jährlichen Wanderungen sind biologisch notwendig und dienen der Nahrungs-, Wasser- oder Partnersuche.

Viele wandernde Tiere legen weite Strecken zurück, um Weidegründe oder Brutplätze zu erreichen. Meist kehren sie auf derselben Route zurück – oft ohne Pause.

Vorbereitungen

Bevor sie aufbrechen, müssen Langstreckenwanderer in bester Verfassung sein. Viele Arten legen keine Fress- und Trinkpausen ein, sondern leben unterwegs nur von ihren Fettreserven.

Zeit zu gehen

Während einige Tiere erst aufbrechen, wenn es nicht mehr anders geht, folgen andere ihrem Instinkt und ziehen regelmäßig los. Veränderungen der Tageslänge oder des Wetters können die Nahrung verknappen oder die Gegend zu heiß, kalt, nass oder trocken machen. Wer sich daran nicht anpassen kann, wie etwa durch einen Winterschlaf oder ein dickes Fell, muss gehen.

Reisesaison

Die meisten Wanderungen finden zu bestimmten Jahreszeiten statt, weil der Mangel an Nahrung oder Wasser die Tiere dazu zwingt. Zu den Arten, die andernorts nach Nahrung suchen, zählen Gänse, Rentiere und Wale. Buckelwale reisen besonders weit: Sie leben in den nahrungsreichen Meeren nahe der Pole, aber ihre Jungen bekommen sie in wärmeren Gewässern.

OHNE WIEDERKEHR

Monarchfalter ziehen zum Überwintern aus Nordamerika nach Mexiko. Zu Beginn der Rückreise paaren sie sich und sterben. Die nächste Generation setzt die Reise fort, aber oft kommt erst die dritte oder vierte Generation wieder im Norden an.

Lachse verbringen ihr Leben überwiegend im Meer, doch wenn sie geschlechtsreif werden, zieht es sie in die Flüsse zurück, in denen sie aus dem Laich geschlüpft sind. Total erschöpft angekommen, laichen sie ab – und sterben.

Junge bekommen

Tiere tun alles für ihren Nachwuchs. Um ihn sicher großzuziehen, begeben sich viele Arten an Orte, wo sie vor Raubtieren verschont bleiben. Kaiserpinguine wandern viele Kilometer durch die Antarktis und erdulden eisige Kälte, um ihre Eier in Sicherheit auszubrüten.

und wieder zurück. ***Das sind* 70 000 *km!***

Das Leben im Meer

Die Meere bedecken fast 70 % der Erdoberfläche und bilden somit den größten aller Lebensräume. Die zahlreichen Geschöpfe, die dort leben, müssen ganz andere Herausforderungen bewältigen als Landlebewesen.

HIER UNTEN IST ES SALZIG!

Meerwasser enthält 35 Teile gelöstes Salz in 1000 Teilen Wasser.

Zu viel Salz

Meerwasser ist salzig. Obwohl das Salz stark verdünnt ist, würde es jedem Landtier und jeder Landpflanze schaden, wenn diese Meerwasser aufnehmen würden. Meereslebewesen hingegen tut es nichts an, da die Flüssigkeit in deren Innerem genauso salzig ist wie ihre Umgebung. Fische trinken Meerwasser und scheiden überschüssiges Salz durch ihre Kiemen aus. Meeressäuger trinken kaum Seewasser, sondern decken ihren Flüssigkeitsbedarf über die Nahrung ab. Salz scheiden sie über ihren Urin aus.

SEEHUND

Wenig Wärme

Die Oberflächenschichten der Meere können sich stark erwärmen, vor allem das flache Wasser nahe den Küsten. In der Tiefsee und an den Polen ist es hingegen extrem kalt. Die meisten Meerestiere sind kaltblütig – ihre Körpertemperatur wird also durch die Wassertemperatur bestimmt. Manchmal wäre das allerdings tödlich. Einige Fische in den Polargewässern haben deshalb ein Frostschutzmittel im Blut, damit es flüssig bleibt.

RIESEN-ANTARKTIS-DORSCH

Warmblütige Meerestiere haben es etwas schwerer. Die meisten haben eine isolierende Fettschicht, den Blubber, der auch Energiereserve ist. Und der Pelz der Seeotter hält eine Luftschicht über der Haut fest, die dadurch nie nass wird. Zudem verringern marine Säuger den Wärmeverlust mittels Gegenstromprinzip: Dadurch dass die Blutgefäße eng beieinander liegen, wird kühles Blut, das aus den Gliedmaßen in den Rumpf strömt, durch Blut angewärmt, das dort wegströmt.

TIEFSEEANGLER

Ein Leben in der Finsternis

Sonnenlicht dringt nicht allzu tief ins Wasser ein. Daher leben Organismen wie Korallen und Tang, die auf Fotosynthese angewiesen sind, nur im Flachwasser. Je tiefer, desto dunkler wird es. Hier verlassen sich die Lebewesen auf andere Sinneseindrücke wie Gerüche, Schall und Wasserdruckänderungen, um Nahrung und Feinde zu orten. Einige Tiere locken Beute oder Partner sogar mit eigenem Licht an: eine Fähigkeit, die Biolumineszenz genannt wird.

RIPPENQUALLE

SEEPOCKEN

Seevögel haben Drüsen in der Nasenhöhle, in denen sich überschüssiges Salz sammelt, das sie dann abschütteln oder durch Niesen loswerden.

ATMUNG

Wie Landtiere brauchen auch marine Tiere Sauerstoff. Säuger und Reptilien haben Lungen und müssen auftauchen, um zu atmen. Sie können lange die Luft anhalten und haben die Fähigkeit, ihren Kreislauf so zu regulieren, dass vorrangig die lebenswichtigen Organe wie Herz und Gehirn mit Sauerstoff versorgt werden. Doch die meisten Meeresbewohner müssen den Sauerstoff direkt aus dem Wasser um sie herum gewinnen. Fische und Wirbellose, die ständig unter Wasser bleiben, haben Kiemen oder beziehen den Sauerstoff mittels Gasaustausch über die Haut.

Fische haben Kiemen – und zwar beidseits des Kopfes. Hier filtern Blutgefäße den Sauerstoff aus dem Wasser.

Felsige Küsten

Meeresorganismen, die nahe dem Strand leben, haben zwar nicht mit hohem Druck oder mit Lichtmangel zu kämpfen, aber dafür mit anderen Widrigkeiten. Hier werden Wirbellose und Pflanzen ständig von der Brandung hin und her geworfen und müssen sich fest verankern. Viele Tiere wie die Seepocken haben verschließbare Schalen, um bei Ebbe nicht auszutrocknen.

Der Druck steigt pro 10 m Wassersäule um ein Bar oder etwa eine Atmosphäre an.

Es heißt ja, wir würden hier unten mächtig unter Druck stehen.

Aber da wir keine Lungen haben, stört uns das nicht weiter.

Unter Druck

Wir spüren es zwar nicht, aber auf dem Festland lastet das Gewicht der Atmosphäre auf jedem Quadratzentimeter unseres Körpers. Tauchen wir, ist es das Gewicht des Wassers. Je tiefer man taucht, desto größer der Druck, der den Körper und somit auch die Atemwege und Lungen zusammenpresst. Tief tauchende Säuger wie Pottwale und See-Elefanten lassen deshalb ihre Lungen gezielt kollabieren. Sie verlangsamen ihren Puls und speichern den Sauerstoff in den Muskeln. Das hilft auch beim Sinken, sodass sie dafür nicht viel Energie brauchen. Menschen müssen langsam auftauchen: Wer zu schnell aufsteigt, kann am raschen Druckwechsel sterben, da sich die Gase in Lunge und Blut zu schnell ausdehnen.

Wie sich Pflanzen *vermehren*

Pflanzen können nicht herumlaufen, um Partner oder neue Standorte zu suchen. Daher haben sie andere Wege entwickelt, um Nachwuchs zu erzeugen und sich weiter zu verbreiten. Einige produzieren kleine Ableger, die in ihrer Nähe bleiben. Andere bilden Samen, die vom Wind, vom Wasser oder von Tieren fortgetragen werden.

BLÜHENDES LEBEN

Die meisten Blütenpflanzen vermehren sich durch Samen. Die Blüte enthält die Geschlechtsorgane, zu denen die Narbe, der Fruchtknoten und die Staubgefäße gehören. Die Staubgefäße enthalten Blütenstaub oder Pollen, der auf die Narbe einer anderen Blüte übertragen wird. Zellen aus den Pollenkörnern wandern zum Fruchtknoten hinab, der die Eizellen enthält. Aus diesen entwickeln sich nach der Befruchtung die Samen.

DETAILS EINER SONNENBLUME

Blütenstaub

Staubgefäß

Samen

Die Bestäubung

Damit es zur Befruchtung kommt, ist eine Bestäubung nötig: Blütenstaub muss von einer Blüte auf eine andere (oder vom männlichen auf den weiblichen Teil derselben Blüte) übertragen werden. Es gibt viele Transportmethoden. Blütenstaub ist sehr leicht, sodass sich viele Pflanzen auf den Wind verlassen. Andere Arten locken mit einer duftenden, süßen Flüssigkeit namens Nektar Insekten, Säugetiere oder Vögel an. Der Pollen bleibt an ihnen hängen und wird an der nächsten Blüte abgestreift.

Vermehrung durch Sporen

Pflanzen wie Moose und Farne, die keine Blüten haben, pflanzen sich über Sporen fort. Im Unterschied zu Samen enthalten diese wenig Nährstoffe, weshalb sie erst freigesetzt werden, wenn die Bedingungen zum Auskeimen gut sind. Damit wenigstens einige wenige überleben, müssen sehr viele Sporen erzeugt werden.

Nüsse und Samen zu vergraben lässt neue Bäume sprießen!

Narbe

Nektar

Blütenblatt

Neubeginn

Sobald ein Samen auf einem geeigneten Boden landet, beginnt er zu keimen. Seine Nährstoffvorräte halten ihn am Leben. Die Schale quillt auf, platzt und eine winzige Wurzel wächst heraus, die Wasser aufsaugt. Dann folgt der Spross, an dem sich bald die Keimblätter entfalten.

Staubgefäße

Unreife Samen

Keimblatt entfaltet sich.

Spross entsteht.

Wurzel keimt.

Samen quillt auf.

SAMENVERBREITUNG

Sobald die Eizellen in den Blüten befruchtet sind, entwickeln sich Samen. Wenn sie reif sind, muss die Pflanze sie so weit wie möglich verbreiten. Manche Samen werden vom Wind oder Wasser fortgetragen, andere fallen einfach ab und kullern beiseite. Wieder andere werden aus aufplatzenden Kapseln weit fortgeschleudert – oder von Tieren gefressen, vergraben oder im Fell mitgeschleppt.

FORTGESCHLEUDERT

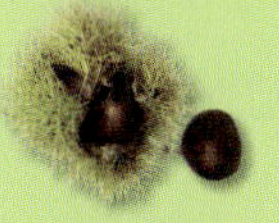

EDELKASTANIE

AUSTRALISCHE KASTANIE

GEWÖHNLICHER GLATTHAFER

VON TIEREN VERBREITET

KLETTE

HASELNUSS

EICHEL

VOM WASSER TRANSPORTIERT

SEYCHELLEN-NUSS

KOKOSNUSS

„SEEBOHNE“

VOM WIND WEGGEWEHT

LÖWENZAHN

EINJÄHRIGES SILBERBLATT

AHORN

KLONE

Etliche Pflanzen können sich ohne Samen vermehren, wenn die Bedingungen für das Auskeimen von Samen zu schlecht sind. Dann erzeugen sie aus ihren Sprossachsen, Wurzeln oder Blättern identische Kopien, sogenannte Klone.

ZWIEBEL

KNOLLE

RHIZOM

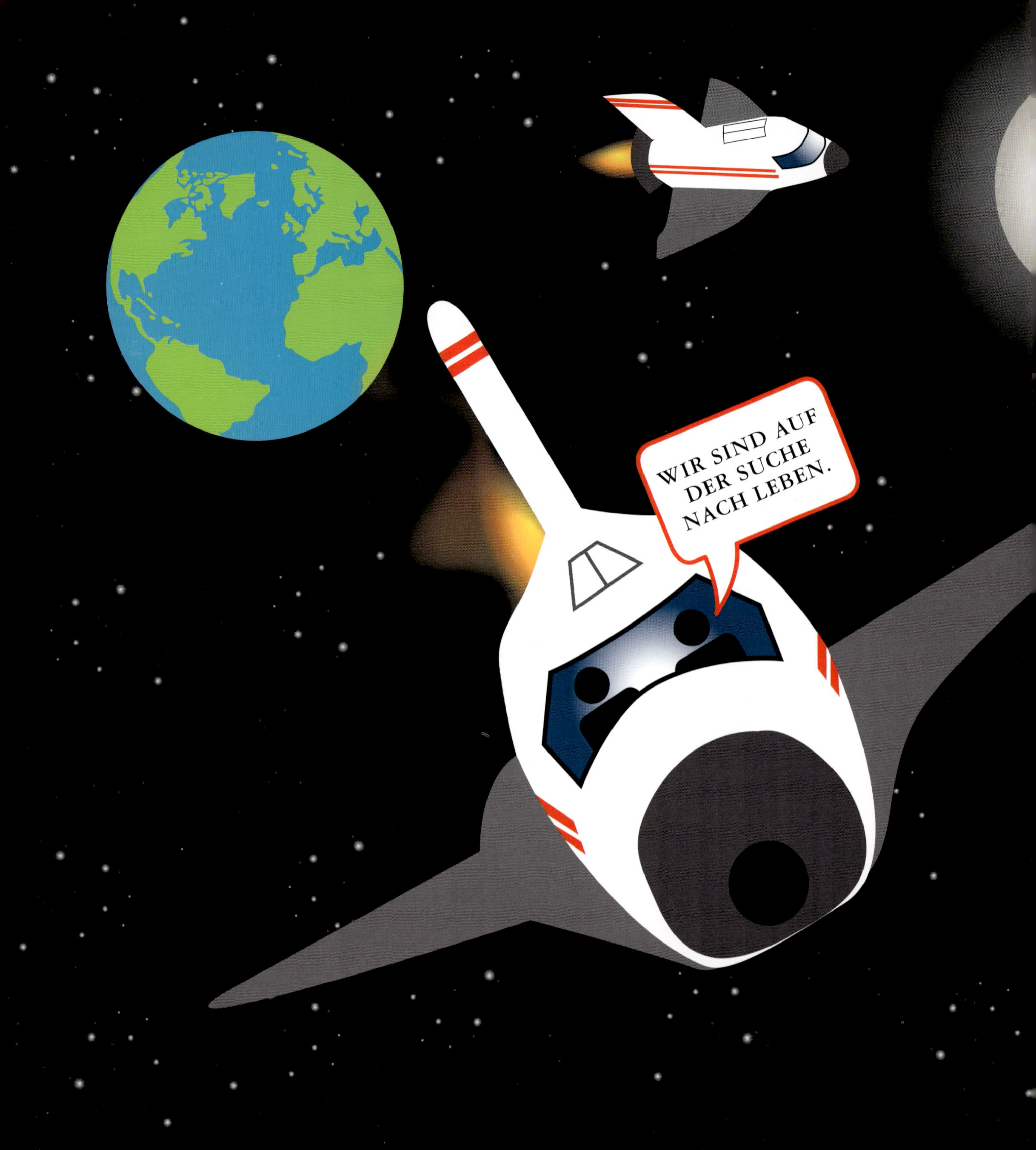

WIR SIND AUF
DER SUCHE
NACH LEBEN.

 UNBEKANNTES *Leben*

Die Menschen haben jeden Kontinent erobert und wie kein anderes Lebewesen die Ressourcen der Erde genutzt. Wir haben die Meere erkundet und Raumschiffe ins Weltall geschickt.

Aber die größten *Überlebenskünstler* sind Organismen, die an den *unwirtlichsten Stellen* unseres Planeten leben: im ewigen Eis, tief im Boden oder in Säurebädern.

Vielleicht sind sie der Schlüssel zu der Frage, ob es auch anderswo im Universum Leben gibt.

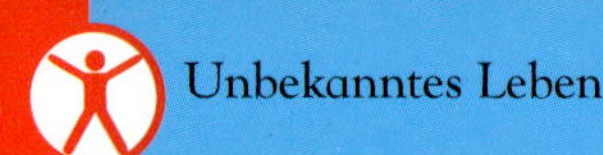

Sind wir einzigARTig?

Menschen sind grundsätzlich wie andere Tiere: Wir alle brauchen Sauerstoff zum Atmen, Wasser zum Trinken und Nahrung als Energiequelle. Doch im Lauf der Jahrtausende haben Menschen einzigartige Fähigkeiten entwickelt, um die Probleme, denen jedes Lebewesen in seinem Überlebenskampf gegenübersteht, zu überwinden.

Intelligenz

Einer unserer Vorzüge ist ein hoch entwickeltes, im Vergleich zum Körper großes Gehirn. Und wir haben ein Bewusstsein, erkennen also beim Blick in einen Spiegel, dass wir es sind, den wir dort sehen. Zudem können wir sprechen, Probleme lösen und Werkzeuge machen. Aber auch Elefanten, Delfine und Menschenaffen erkennen sich im Spiegel, nutzen Werkzeuge und kommunizieren. Wie wir haben diese Tiere besonders große Nervenzellen, die im Gehirn für schnelle Verbindungen sorgen und wichtig für intelligentes Verhalten sind.

Mein Gehirn ist kleiner als meine Augäpfel: ein echtes Spatzenhirn!

Soziales Lernen

Menschen sind nicht unbedingt schlauer als andere Organismen. Aber wir sind kreativ und lernfähig und erlangen auf diese Weise kulturelles Wissen, das wir miteinander teilen. Wenn ihr mit euren Freunden spielt und zur Schule geht, eignet ihr euch dieses Wissen an. Wenn nur *ein* Mensch *alles* wüsste, würde die Menschheit aussterben. Auch Delfine, Schimpansen und Elefanten geben Wissen über Werkzeugherstellung oder Tricks bei der Nahrungssuche weiter. Man könnte das als einfache Form von Kultur bezeichnen.

Nur eine Art hat den ganzen Planeten erobert: der Mensch. Wir haben überall – von Pol zu Pol – Mittel und Wege zum Leben und Überleben gefunden. Das bedeutet aber auch, dass wir mit allen anderen Arten um Nahrung, Lebensräume und andere natürliche Ressourcen konkurrieren.

WIR SIND MENSCHENAFFEN

Menschen gehören innerhalb der Ordnung der Primaten zur Familie der Hominiden oder Menschenaffen – zusammen mit den Schimpansen, Orang-Utans und Gorillas. Unsere nächsten Verwandten sind die Schimpansen, deren DNA zu 98,7 % mit unserer übereinstimmt. Unser letzter gemeinsamer Urahn lebte etwa vor 7 Millionen Jahren. Seitdem gab es viele Menschenarten. Überlebt haben nur wir: die Art *Homo sapiens*.

Fitter und schneller

Menschen sind in der Lage ihre körperliche Fitness gezielt zu verbessern, um besser dazustehen als der Durchschnitt. Leistungssportler trainieren hart, damit sie viel schneller laufen, schwimmen oder höher springen können als die meisten ihrer Artgenossen. Kein anderes Tier tut so etwas, denn wenn sie so viel Zeit mit dem Training verbrächten, könnten Fressfeinde sie leichter überrumpeln oder ihnen würde die Zeit zur Futtersuche fehlen. Wer in der Wildnis überleben will, verschwendet keine Energie an Überflüssiges.

Reden tut gut

Andere Tiere kommunizieren häufig über Warn- oder Lockrufe. Auch die Menschen fingen einst mit Grunzlauten und Gestikulieren an. Später verbanden sie Wörter zu Sätzen und konnten so auch Gedanken ausdrücken. Durch Neuanordnung einzelner Wörter können Menschen unendlich viele Botschaften zusammenstellen. Forscher haben bei Vögeln und Delfinen regionale Dialekte entdeckt. Es gibt sogar Hinweise darauf, dass die Delfine einer Gruppe einander Namen geben, um sich gezielt ansprechen zu können.

Du bist *nicht* allein

Beim Blick in den Spiegel sehen wir normalerweise nur *ein* Lebewesen: uns selbst. Aber jeder von uns ist ein wandelndes Ökosystem, denn wir teilen unseren Körper mit Millionen anderer Organismen. Einige davon sind gutartig, andere schädlich. Und die meisten sind uns nicht besonders geheuer.

Haare

Kopfläuse sind winzige, flügellose Insekten, die Blut aus der Kopfhaut saugen und ihre Eier an Haare kleben. Sie verursachen juckende Schwellungen, sind aber nicht gefährlich. Sie springen leicht auf andere Menschen über und leben in schmutzigem wie auch sauberem Haar.

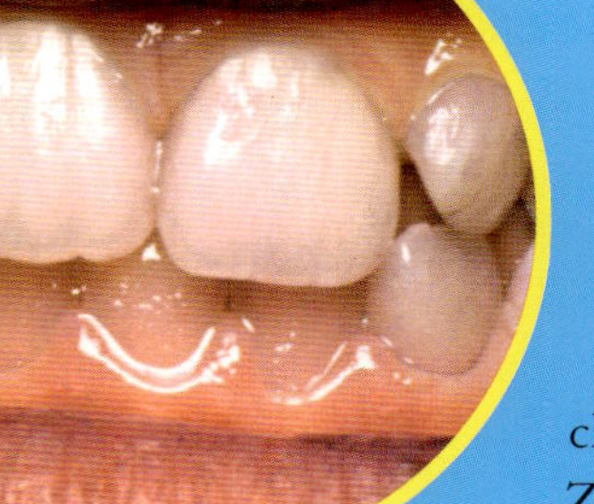

Darm

Erwachsene Menschen schleppen etwa 1,5 kg Darmbakterien mit sich herum. Die meisten sind für die Verdauung der Nahrung und deren Umwandlung in Nährstoffe notwendig. Aber manchmal werden diese Helfer von einer Invasion schädlicher Bakterien überwältigt. Dann bekommt man eine Magen-Darm-Entzündung.

WILLKOMMENE GÄSTE

UNERWÜNSCHTE BESUCHER

Wimpern

Die kurzbeinigen Haarbalgmilben messen etwa 0,3 mm und stecken kopfüber in den Haarbälgen von Wimpern. Dort fressen sie Hautzellen und vemehren sich. Nachts können sie herauskommen und unbemerkt im Gesicht herumkrabbeln.

Mund

Im Mund leben jede Menge Bakterien. Sie bedecken die Zähne, das Zahnfleisch und die Schleimhaut und leben von unserer Nahrung. Es gibt etwa 25 000 Arten Mundbakterien, von denen 1000 auf den Zähnen leben, wo sie einen gelben, pelzigen Belag bilden. Wenn man ihn nicht entfernt, bekommen die Zähne Löcher.

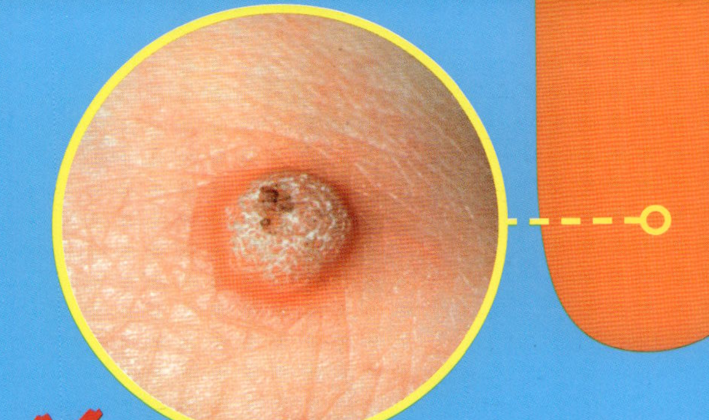

Hände

Warzen werden durch sogenannte humane Papillomviren verursacht und können am ganzen Körper entstehen – oft wachsen sie an den Händen oder an den Füßen.

Nerven

Einige Viren schlummern noch lange nach einer Infektion im Körper. Windpockenviren verstecken sich in den Nerven und können Jahre später zu einer Gürtelrose führen, bei der bestimmte Bereiche der Haut stark brennen.

Füße

Wer im Schwimmbad barfuß herumläuft, kann Fußpilz bekommen. Dieser parasitische Pilz mag die feuchte Wärme zwischen den Zehen, kann sich aber auch an anderen Körperstellen ausbreiten: zwischen den Beinen, auf der Kopfhaut oder unter den Nägeln.

Bauchnabel

Vor Kurzem hat man etwa 660 neue Bakterienarten entdeckt, die im Bauchnabel leben. Hier herrschen ideale Wachstumsbedingungen, da im Nabel keine Öle oder Wachse ausgeschieden werden, mit denen sich die Haut an anderen Stellen schützt.

Sieh in einen Spiegel und winke den vielen Billionen Geschöpfen zu, die zurückstarren!

Haut

Jeder Quadratzentimeter Haut ist von Millionen Bakterien bedeckt. Sie verdauen unseren Schweiß und produzieren dabei einen unangenehmen Geruch. Dennoch sind sie nützlich, denn sie schützen die Haut, indem sie gefährlichere Bakterienarten in Schach halten.

EXTREME

Auf unserem Planeten gibt es Orte, die nicht besonders gemütlich sind. An einigen Stellen ist es kochend heiß, eiskalt, sehr salzig oder völlig sauerstofffrei. Und trotzdem gibt es immer irgendeine Lebensform, die es schafft, dort zu gedeihen. Solche Organismen nennt man

HEISSES WASSER

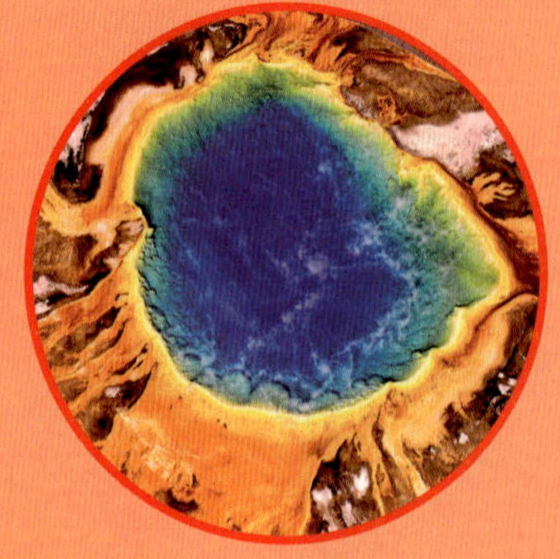

HEISSE QUELLE

Gegenden mit vulkanischer Aktivität, wo kochend heißes Wasser in Geysiren und anderen Thermalquellen aus der Erdkruste tritt und jede Menge Schwefelverbindungen mitbringt, sind nicht gerade lebensfreundlich. Dennoch siedeln einige Bakterien dort. So werden etwa die schönen Grün- und Rottöne einer heißen Quelle im Yellowstone-Nationalpark (USA) von Bakterien hervorgerufen, die an deren Rand wachsen.

HOHER DRUCK

BARTWÜRMER

Am Tiefseeboden strömt aus Hydrothermalquellen überhitztes, schwefelreiches Wasser ins Meer. In diesen Schwarzen und Weißen Rauchern ist es über 150 °C heiß, der Druck ist enorm und es gibt keinen Sauerstoff. Forscher haben jedoch selbst dort Mikroben entdeckt – und nicht nur das: Rings um diese Schlote leben auch riesige Bartwürmer, Pompejiwürmer, Spinnenkrabben, Garnelen und Fische. Sie leben von den Bakterien, die in dieser giftigen Umgebung gedeihen.

EISIGE KÄLTE

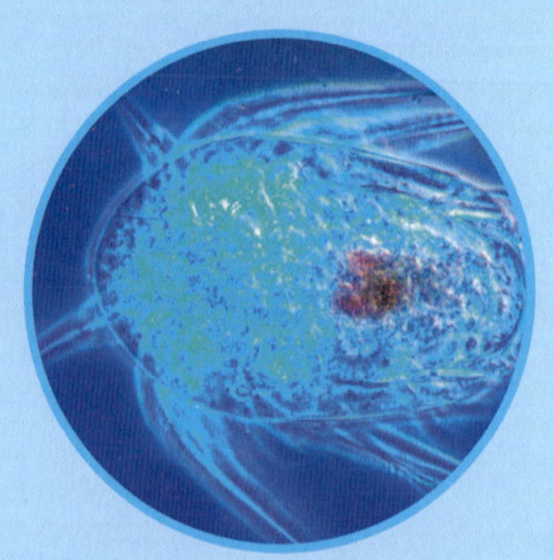

MEERESPLANKTON

Auch am anderen Ende der Temperaturskala, in extremer Kälte, gibt es Leben. Die Organismen, die dort leben, haben besondere Proteine entwickelt, die ihre Zellflüssigkeit vor dem Einfrieren bewahren. Trotz der Kälte sind die Polargebiete voller Leben: Die Polarmeere enthalten Algen und Bakterien, die als Nahrung für Krill, sonstiges Zooplankton und Fische dienen. Einige Fische sind sogar so stark ans Eis angepasst, dass sie bei Temperaturen über 4 °C sterben würden.

Lebensräume

Extremophile. Die meisten von ihnen sind Archaeen – komplexere Extremophile halten lebensfeindliche Bedingungen meist nur für kurze Zeit aus. Doch ihnen allen ist eines gemeinsam: Sie haben spezielle Mechanismen entwickelt, um in solch extremem Umgebungen zurechtzukommen.

VÖLLIG VERSALZEN

SALINENKREBS

Im Wasser von Seen, die keinen Abfluss haben, reichern sich mit der Zeit immer mehr Mineralsalze an, zu denen auch Natriumchlorid, also Kochsalz, zählt. Viele Landlebewesen gehen in salzigen Umgebungen ein, weil ihren Zellen Wasser entzogen wird und sie vertrocknen. Es gibt jedoch einige Bakterien und Algen, die in Salzlösungen leben können, ebenso die Salinenkrebse und einige Insekten, von denen viele Vögel leben.

STAUBTROCKEN

FLECHTEN

Kein Organismus kann ohne Wasser überleben, aber einigen reicht bereits ganz wenig. Pilze sind da sehr erfolgreich – und saugen mit ihren Hyphen Feuchtigkeit und Nährstoffe aus winzigsten Ritzen. Schimmelpilze dringen sogar in sehr trockenen Lebensmitteln wie Getreide oder Nüssen schnell vor. Und Flechten überleben auf Felsen in Hitzewüsten, indem sie ihr Wachstum drosseln, bis es wieder regnet. Die dicken Wände ihrer Sporen schützen sie vor Vertrocknung.

ECHTE EXTREMISTEN

SEEKRÖTE

Extreme Lebensräume und ihre Bewohner sind sehr vielfältig. So leben in der Tiefsee Barophile, wie ein Fisch namens Seekröte, die den hohen Druck der mächtigen Wassersäule über ihnen aushalten. Radiotrophe Organismen kommen in radioaktiv belasteter Umgebung zurecht, wo sonst nichts lebt. Anaerobe Extremophile kommen ohne Sauerstoff aus und Polyextremophile können unter mehreren Extrembedingungen zugleich leben.

Im GRUSEL-kabinett

Im Dunkeln sehe ich viel besser aus!

Schleimpilze

Glibberige Massen, die sich ganz langsam über den Rasen bewegen, sind meist Zellhaufen, die wir Schleimpilze nennen. Der Name ist irreführend, da es sich um Protisten und keine Pilze handelt. Zur Fortpflanzung schließen sich die Einzeller zu einem kriechenden Klumpen zusammen, aus dem ein Fruchtkörper entsteht, der Sporen ausstreut.

Viperfisch

Dieser furchterregende Fisch hat scharfe Zähne, die wie Glasdolche aus seinem Kiefer ragen und so lang sind, dass er das Maul extrem weit aufreißen muss, um etwas zu verschlingen. Beutetiere fängt er mit einem Trick: Seine Rückenflosse enthält ein Leuchtorgan, mit dem er Fische anlockt.

ICH BRAUCHE EISIGE KÄLTE – SONST SCHMELZE ICH DAHIN!

Venusfliegenfalle

Die Blätter dieser fleischfressenden Sumpfpflanze haben in der Mitte ein Scharnier. Wird ein Insekt durch die rote Färbung der Blattinnenseiten angezogen und berührt dort die empfindlichen Sinneshaare, schnappen die Scharniere zusammen und die Falle ist zu. Dann verdauen Enzyme das Opfer bei lebendigem Leib.

Organismen gibt es in allerlei Formen und Größen und auch ihre Art zu leben ist sehr unterschiedlich. Aber einige kommen uns noch seltsamer vor als der Rest. Hier präsentieren sich einige besonders bizarre Erdenbewohner.

Fingertier

Das Fingertier oder Aye-Aye sieht so unheimlich aus, dass es von den Einwohnern Madagaskars als Dämon angesehen wird. Der nachtaktive Primat ortet seine Beute akustisch: Er klopft mit seinem verlängerten Mittelfinger an Baumstämme und erkennt am Klang, ob unter der Rinde Insekten sitzen. Diese zieht er dann mit dem langen Finger heraus.

Axolotl

Der Axolotl ist ein Verwandter des Salamanders und eine Dauerlarve: Er durchläuft nicht die sonst bei Amphibien übliche Metamorphose und geht nie an Land. Stattdessen behält er die Kiemenäste, mit denen er unter Wasser atmet. Bei Axolotls wachsen verlorene Gliedmaßen – sogar Teile des Gehirns – nach, weshalb er für die Medizinforschung interessant ist.

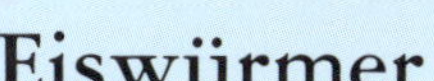

Eiswürmer

Eiswürmer kommen in Gletschern der USA und Kanadas vor. Nachts kommen sie heraus, um Algen zu fressen, in der Morgendämmerung ziehen sie sich unter das Eis zurück. Wenn sie sich auf über 5 °C erwärmen, zerfließen und zerfallen sie. Wie sie ihre Gänge ins Eis graben, ist noch unbekannt, aber Forscher vermuten, dass sie eine Chemikalie absondern, die das Eis vor ihnen auftaut. Ähnliche Würmer leben auch in den eiskalten Methanhydratfeldern unter dem Meeresboden.

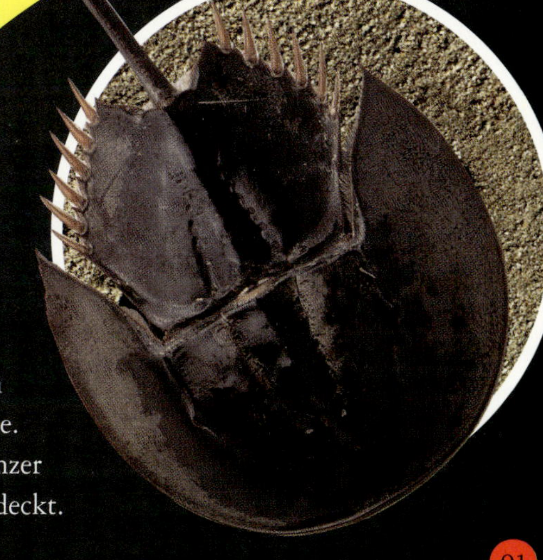

Pfeilschwanzkrebse

Diese eigentümlichen Wesen sind „lebende Fossilien", deren Bauplan sich seit mehr als 300 Millionen Jahren kaum verändert hat. Pfeilschwanzkrebse leben im Meer und sind keine Krebse, sondern Verwandte der Spinnen und Skorpione. Kopf- und Bruststild sind zu einem Panzer verschmolzen, der fünf Laufbeinpaare bedeckt.

Nicht von dieser WELT

Die Erde ist der einzige Planet, von dem wir wissen, dass es auf ihm Leben gibt. Aber wenn man bedenkt, wie viele Sterne und Planeten es da draußen im All gibt, könnte es sein, dass es dort ebenfalls Lebensformen gibt. Ob sie wohl den Pflanzen, Tieren, Pilzen und Bakterien ähneln, wie wir sie hier bei uns kennen?

GIBT ES IN UNSEREM SONNENSYSTEM ANDERES LEBEN?

Im Sonnensystem konnte weder auf den übrigen Planeten noch auf deren Monden Leben entdeckt werden. Wissenschaftler nahmen an, dass nur in der Zone, in der die Erde um die Sonne kreist, Leben möglich ist. Aber nach dem, was man inzwischen über Extremophile weiß (S. 88–89), könnte es auch auf dem Mars oder einigen Jupiter- und Saturnmonden Spuren von Leben geben, denn einige Bakterien können unter den harten Bedingungen, die Raumsonden dort messen, existieren.

ALIENS BEI UNS?

Wenn Außerirdische uns besuchen wollten, müssten sie die Probleme der interstellaren Raumfahrt lösen. Irdische Lebewesen haben es erst nach 3,5 Milliarden Jahren geschafft. Demnach müssten Aliens von einem Planeten kommen, auf dem es schon sehr lange Leben gibt. Bislang kennen wir nur wenige, die dafür infrage kommen.

ZU HAUSE IST'S AM SCHÖNSTEN

Die Erde ist der einzige Planet des Sonnensystems, auf dem es Leben gibt: Nur sie liegt in der „bewohnbaren Zone“, also in einem Abstand zum zentralen Stern, den ein Planet haben muss, damit dort flüssiges Wasser möglich ist. Auf Venus und Mars ist das nicht der Fall. Ein bewohnbarer Planet braucht zudem einen heißen Kern und genug Masse, um eine Atmosphäre zu halten.

Mars

An den Polen des Mars wurde gefrorenes Wasser entdeckt – unter der Oberfläche könnte es flüssiges geben. Doch die Marsatmosphäre ist dünn, die Strahlung stark. Falls es Leben gibt, dann unter der Oberfläche.

Enceladus und Europa

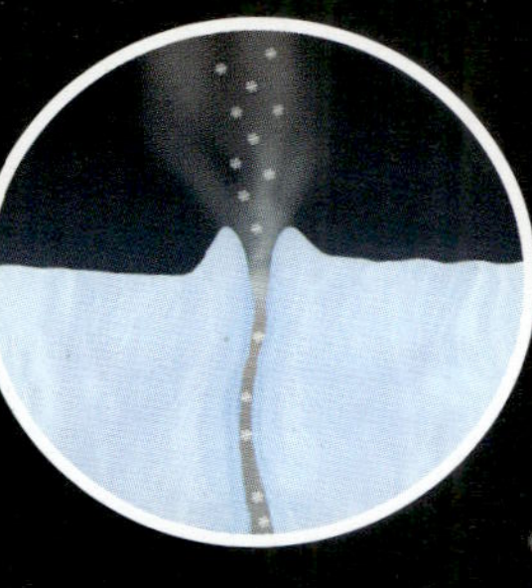

Diese Saturn- und Jupitermonde bergen vermutlich unter ihrer Eisoberfläche flüssiges Wasser. Zudem sind sie im Inneren heiß, sodass unter Wasser Hydrothermalquellen und entsprechende Lebensformen möglich wären.

Io

Io ist einer der wenigen Monde mit Atmosphäre, hat einen heißen Kern und Vulkane. Auch komplexe Chemikalien scheint es zu geben, Leben wegen der tödlichen Strahlung seines Planeten Jupiter wohl eher nicht.

Titan

Der Saturnmond ist der aussichtsreichste Kandidat: Die Atmosphäre enthält Aminosäuren, die Grundbausteine irdischen Lebens. Die Bedingungen ähneln der jungen Erde, aber es gibt kein flüssiges Wasser.

KLEINE GRÜNE MÄNNCHEN

In Filmen sehen Aliens oft wie Menschen aus, nur dass sie kahlköpfig sind und große Augen haben – oder drei Köpfe und fünf Arme. Aber es ist gar nicht gesagt, dass sie so aussehen. Sie könnten genausogut auch anderen Lebewesen ähneln, denn Körperformen und -strukturen sind an die jeweilige Umwelt angepasst: Torpedoformen sind gut für schnelle Schwimmer, paarige Beine erleichtern das Gehen, zum Fliegen sind Flügel nötig und Sporen sind nützlich, wenn man sich weit verbreiten will. Die Evolution auf anderen Planeten dürfte ebenso eigentümliche Kreaturen hervorgebracht haben wie die auf der Erde.

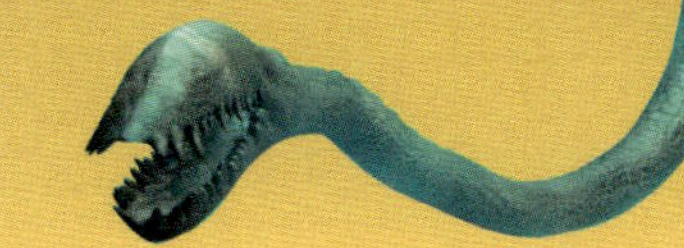

Dies ist kein Alien, sondern ein Geschöpf namens *Opabinia*, das vor 500 Millionen Jahren auf der Erde lebte!

NIEDRIGE SCHWERKRAFT

ZWERGE UND LULATSCHE

Wenn es auf einem anderen Planeten Leben gibt, ist es an dessen physikalische Bedingungen angepasst. Schwerkraft, Tageslänge, Temperaturen, Zusammensetzung der Atmosphäre – all das wirkt sich auf Körperform, Fortbewegungsart, Energiebedarf und Lebenszyklus aus. Zum Beispiel müssten sich Organismen auf einem Planeten, dessen Schwerkraft hoch ist, dicht am Boden halten, um den Druck der mächtigen Atmosphäre besser auszuhalten: Alle Lebewesen wären klein und stämmig. Bei niedriger Schwerkraft sähen hingegen alle aus wie lange Lulatsche.

HOHE SCHWERKRAFT

GLOSSAR

Absorbieren Aufnehmen.

Alge Einfache Pflanze ohne Blüten oder Protist. Seetang zählt zu den Algen.

Aminosäure Chemischer Grundbaustein der Proteine.

Amphibien Wechselwarme Tiere, die am Land und im Wasser leben können.

Anpassung Merkmal eines Organismus, das der Art beim Überleben in seiner Umwelt hilft – oder Vorgang der Herausbildung eben jenes Merkmals.

Art Gruppe von Lebewesen mit ähnlichen Eigenschaften wie Gestalt, Größe und Färbung. Nur Artgenossen können miteinander Nachwuchs bekommen.

Aussterben Tod des letzten Überlebenden einer Art, der keine Nachkommen hinterlassen hat.

Befruchtung Die Verschmelzung von männlichen und weiblichen Keimzellen, aus der ein neuer Organismus entsteht.

Bestäubung Übertragung von Blütenstaub oder Pollen in Blütenpflanzen, die zur Befruchtung und Samenbildung führt.

Beute Erlegtes Tier, das gefressen wird.

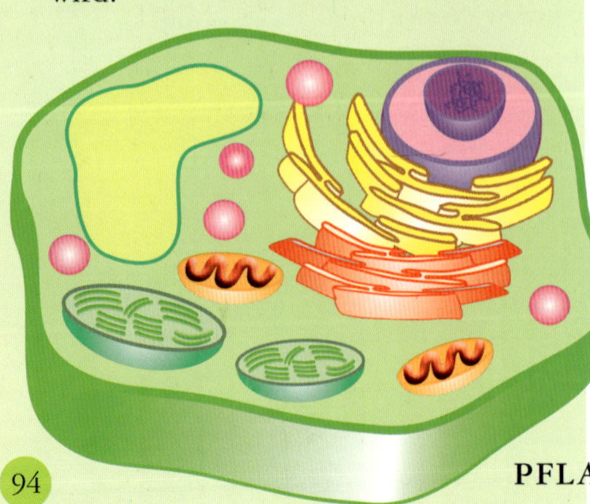

PFLANZENZELLE

Biodiversität Zahl und Vielfältigkeit der Arten in einem bestimmten Gebiet.

Biom Eine Lebensgemeinschaft aus bestimmten Pflanzen- und Tierarten, die sich bei speziellen Umweltbedingungen in einer Region ausgebildet hat, z. B. Regenwälder, Wüsten und Korallenriffe.

Chlorophyll Das grüne Pigment, das Pflanzen ihre Farbe gibt.

Chloroplast Ein winziges Organell in Pflanzenzellen, in dem die Fotosynthese stattfindet.

DNA Abkürzung für Desoxyribonukleinsäure. Bestandteil jeder Zelle und Träger der Erbinformationen eines Lebewesens.

Element Eine chemische Substanz, die nur aus einer Art von Atomen besteht.

Enzym Ein Proteintyp in einer Zelle, der zum Auf- oder Abbau von Molekülen benötigt wird.

Evolution Der Jahrmillionen dauernde Veränderungsvorgang, bei dem sich Lebewesen an ihre Umwelt anpassen.

Exoskelett Eine harte Hülle, die den Körper eines Wirbellosen schützt.

Extremophile Organismen, die unter extremen physikalischen Bedingungen überleben können.

Fotosynthese Vorgang in Pflanzenzellen, bei dem aus Wasser, Kohlenstoffdioxid und Licht Zucker gewonnen wird.

Gefäßsystem Röhrensystem in Pflanzen, durch das Wasser und Nährstoffe transportiert werden.

Gen DNA-Abschnitt, in den ein Merkmal eines Organismus einprogrammiert ist.

Gleichwarm Gleichwarme Tiere nutzen die von ihren Muskeln produzierte Wärme, um eine gleichbleibende Körpertemperatur aufrechtzuerhalten. Sie können daher auch kalte Lebensräume besiedeln.

Glykolyse Der Vorgang, bei dem Zellen Zucker zu kleineren Molekülen abbauen.

Habitat Der natürliche Lebensraum eines Organismus.

Hydrothermalquelle Quellen, die durch vulkanische Aktivität entstehen und mit Chemikalien angereichertes heißes Wasser fördern.

Hyphen Die wurzelartigen Fäden der Pilze, die das Myzel bilden.

Individuum Einzelnes Lebewesen.

Klima Die über längere Zeit herrschenden Wetterbedingungen in einem Gebiet.

Kolonie Strukturierte Gruppe eng zusammenlebender Tiere.

Kommensalismus Beziehung zwischen zwei Arten, von der die eine profitiert und die andere keine Vor- oder Nachteile hat.

Larven Zwischenstadium in der Entwicklung vieler Tiere, das durch Metamorphose endet. Bei den Insekten heißen sie zum Beispiel Maden oder Raupen.

Marin Im Meer lebend.

Meiose Eine Zellteilung, bei der Keimzellen mit einem einfachen Chromosomensatz entstehen.

Metamorphose Verwandlung, z. B. bei Amphibien oder Schmetterlingen.

Mitochondrien Die Organelle in den Zellen, die Nährstoffe in Energie umwandeln.

Mitose Eine Zellteilung, bei der die Tochterzellen genetisch mit der Mutterzelle identisch sind.

Molekül Mehrere Atome, die durch chemische Bindungen verknüpft sind.

Mutualismus Beziehung zwischen zwei Arten, von der beide profitieren. Eine Form der Symbiose.

Nahrung sucht und mit welchen anderen Arten sie in Kontakt kommt.

Nährstoff Substanz, die für das Wachstum und den Erhalt eines Organismus unentbehrlich ist.

Nesseltiere Ein Stamm weicher, im Wasser lebender Tiere, zu dem die Quallen und die Anemonen gehören.

Nische Platz, den eine Art in einem Ökosystem einnimmt. Dazu gehört, wo sie lebt, wie sie Nahrung sucht und mit welchen anderen Arten sie in Kontakt kommt.

Ökosystem Die Pflanzen, Pilze, Tiere und Bakterien, die in einer bestimmten Umwelt zusammenleben.

Organismus Lebewesen.

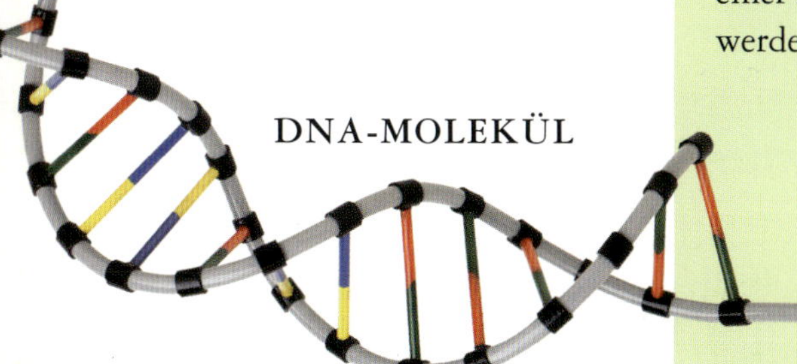

DNA-MOLEKÜL

Parasiten Organismen, die auf Kosten anderer Lebewesen (Wirte) überleben und diesen schaden.

Parthenogenese Jungfernzeugung. Wenn sich die Eier entwickeln, ohne dass vorher eine Befruchtung stattgefunden hat.

Partikel Mikroskopisch kleines Teilchen.

Pigment Chemische Verbindung, die einer Struktur ihre Farbe verleiht.

Population Zahl der Individuen einer Art innerhalb eines Gebiets.

Protisten Mikroorganismen mit Zellkernen.

Protozoen Tierartige Einzeller mit Zellkern, die zu den Protisten gehören. Teilweise bilden sie Kolonien. Häufig Erreger von Krankheiten.

Raubtiere Tiere, die andere Tiere töten und fressen.

Reptilien Wechselwarme Tiere mit schuppiger Haut. Die meisten legen Eier, einige bekommen lebende Junge.

Ressourcen Verschiedenste Mittel wie z. B. Rohstoffe. Natürliche Ressourcen sind etwa Wälder (Holz) oder große Fischvorkommen.

Säugetiere Tiere, die Fell oder Haare haben und ihre Jungen säugen.

Segment Teil oder Abschnitt.

Sporen Kleine Strukturen vieler Bakterien, Pilze, Algen und Pflanzen, die der ungeschlechtlichen Vermehrung dienen und harsche Bedingungen überdauern können.

Stoffwechsel Abbau der Nährstoffe und Auf- oder Umbau aller Stoffe, die im Organismus bzw. in einer Zelle (Zellstoffwechsel) benötigt werden.

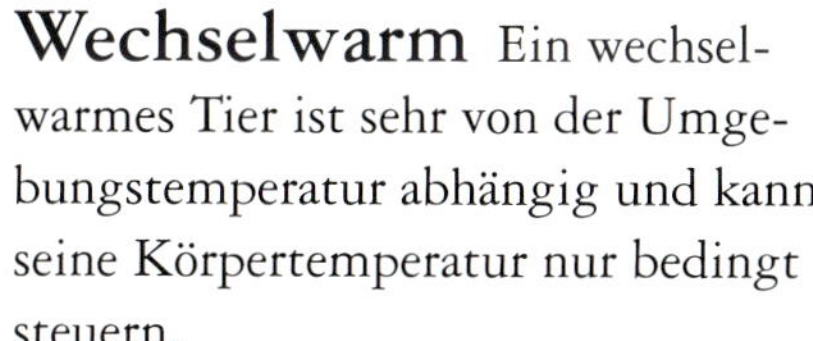

Wechselwarm Ein wechselwarmes Tier ist sehr von der Umgebungstemperatur abhängig und kann seine Körpertemperatur nur bedingt steuern.

Wirbellose Tiere ohne Rückgrat.

Wirbeltiere Tiere mit Rückgrat.

Zelle Die kleinste unabhängige Einheit in einem Lebewesen.

Zellulose Eine chemische Verbindung in den Wänden von Pflanzenzellen.

Zersetzer Ein Organismus, der tote Lebewesen zu Grundsubstanzen abbaut.

AASFRESSER

Register

Bildnachweis

Der Verlag dankt folgenden Personen und Institutionen für die freundliche Genehmigung zum Abdruck von Fotos:

(Abkürzungen: o = oben, go = ganz oben, u = unten, m = Mitte, l = links, gl = ganz links, r = rechts, gr = ganz rechts, Hg = Hintergrund)

5 **Dreamstime.com:** Irochka (ugl). **Getty Images:** All Canada Photos / Tim Zurowski (mogl/Kolibri). 7 **Science Photo Library:** Eye of Science (gol). 10 **Science Photo Library:** Henning Dalhoff (ugl, ul, mglu); Paul Wootton (l). 11 **SuperStock:** Robert Harding Picture Library (mr, mgr). 17 **Corbis:** Photo Quest Ltd / Science Photo Library (ur). Science Photo Library: Steve Gschmeissner (mru). 18 **Fotolia:** Vadim Yerofeyev (mr). Science Photo Library: Eye Of Science (ur); Dr. Kari Lounatmaa (mgr). 19 **Science Photo Library:** National Cancer Institute (mr). 23 **Dorling Kindersley:** Natural History Museum, London (gol). 24 **Dreamstime.com:** Dannyphoto80 (mro); Andrey Sukhachev (mlo); Irochka (mo). 25 **Dreamstime.com:** Peter Wollinga (mlo). 26 **Dorling Kindersley:** Barry Hughes (mru); Natural History Museum, London (ml, m); Robert Royse (mugr). Getty Images: Tim Laman / National Geographic (ul). 26–27 **Dorling Kindersley:** Jon Hughes. 27 **Jonathan Keeling:** (ul). 33 **Dorling Kindersley:** Natural History Museum, London (ur). **Science Photo Library:** Steve Gschmeissner (ul). 35 **Dreamstime.com:** Cosmin – Constantin Sava (mlu). 37 **Dorling Kindersley:** Jeremy Hunt – modelmaker (ugr). 38 **Alamy Images:** Brand X Pictures (mlu/Käfer). **Dorling Kindersley:** Natural History Museum, London (mu/Schmetterling, mru/Falter); Jerry Young (ur/Assel). 39 **Dorling Kindersley:** Natural History Museum, London (ul, ugr); Jerry Young (mu). 40 **Corbis:** Bettmann (ur). 41 **Alamy Images:** Carolina Biological Supply Company / PhotoTake Inc. (ul); Dennis Kunkel Microscopy, Inc. / PhotoTake Inc. (mr); MicroScan / PhotoTake Inc. (ur). **Corbis:** Mediscan (gom). **Getty Images:** Visuals Unlimited, Inc. / Kenneth Bart (gor); Visuals Unlimited / RMF (mro). **Science Photo Library:** Eye of Science (mlo); Power and Syred (gol); Edward Kinsman (mlu). SuperStock: Science Photo Library (mru). 42 **Corbis:** Visuals Unlimited (mlu). **Dorling Kindersley:** David Peart (mlo). **Science Photo Library:** Dr. Kari Lounatmaa (ml). **SuperStock:** Robert Harding Picture Library (gor). 43 **Corbis:** Jonathan Blair (mlu). **SuperStock:** Robert Harding Picture Library (ml). 44 **Alamy Images:** Paul Fleet (ul). **Dorling Kindersley:** Jamie Marshall (mgru/Papagei). **Getty Images:** Nick Koudis / Digital Vision (mglu/Koala); Photodisc / Gail Shumway (mgru/Frosch); David Tipling / Digital Vision (ur). 45 **Dreamstime.com:** Dreamzdesigner (ur). 49 **Dorling Kindersley:** Jamie Marshall (ul). 50 **Dorling Kindersley:** David Peart (ml). **Getty Images:** Luis Marden / National Geographic (m). **SuperStock:** Science Faction (mr). 51 **Corbis:** Lars-Olof Johansson / Naturbild (gor); Visuals Unlimited (mr). 53 **Alamy Images:** Rick & Nora Bowers (mlu/Hirschmaus). **Dreamstime.com:** Aspenphoto (ml/Hirsch). 55 **Science Photo Library:** Dr. Kari Lounatmaa (mu). **SuperStock:** imagebroker.net (ur). 56 **Corbis:** Philippe Crochet / Photononstop (mgl). **Getty Images:** Discovery Channel Images / Jeff Foott (um). **NASA:** (ml). 58 **Dorling Kindersley:** Newquay Zoo (go). 58–59 **Corbis:** John Lund (m). **Getty Images:** All Canada Photos / Tim Zurowski (mo). 59 **Corbis:** DLILLC / Tim Davis (gol). 60 **Dorling Kindersley:** Peter Minister – modelmaker (ml, ul/Termiten). 61 **Getty Images:** Oxford Scientific / Mary Plage (mro); Oxford Scientific / David Fox (mru). **SuperStock:** Robert Harding Picture Library (mr). 68 **Dorling Kindersley:** Gary Stabb – modelmaker (ml). 70 **Alamy Images:** Nigel Pavitt / John Warburton-Lee Photography (mr). **Dorling Kindersley:** Jerry Young (um). 71 **Alamy Images:** Michael Callan / FLPA (mlu); Jeremy Pembrey (mr); Nicolas Chan (m). **Dorling Kindersley:** Natural History Museum, London (ml); Jerry Young (um); Sean Hunter Photography (ugr). 72 **Corbis:** Clouds Hill Imaging Ltd. (ul). **Getty Images:** Photographer's Choice / Kendall McMinimy (gol). **SuperStock:** Minden Pictures (mgl). 73 **Alamy Images:** David Fleetham (mru). Corbis: DLILLC / Tim Davis (mr). **Dorling Kindersley:** Natural History Museum, London (mlu). **Getty Images:** Stone / Bob Elsdale (ul). 74 **Dorling Kindersley:** Mike Read (mr); Gary Stabb – modelmaker (ml); Brian E. Small (m). 75 **Dorling Kindersley:** Gary Stabb – modelmaker (mr). **Science Photo Library:** Mit frdl. Genehmigung von Crown Copyright Fera (ml). 76 **Corbis:** Winfried Wisniewski (m). **Getty Images:** Gallo Images / Travel Ink (ul). 77 **Corbis:** Ocean (um). **Getty Images:** The Image Bank / Jeff Hunter (ml); Oxford Scientific / Chris Sharp (mro); Photographer's Choice / Nash Photos (mr). 78 **Alamy Images:** Poelzer Wolfgang (ur). 78–79 **Dorling Kindersley:** Hunstanton Sea Life Centre, Hunstanton, Norfolk (m). 79 **Dreamstime.com:** Olga Khoroshunova (mru); Rachwal (gol). 80–81 **Corbis:** John Lund (go). 80 **Corbis:** John Lund (ul/Himmel). **Getty Images:** All Canada Photos / Tim Zurowski (mlu). 84 **Dreamstime.com:** Kirill Zdorov (ur). 85 **Getty Images:** AFP Photo / Hrvoje Polan (ul). 86 **Science Photo Library:** Eye of Science (mlo); Martin Oeggerli (mu); David McCarthy (mru). 87 **Science Photo Library:** Thierry Berrod / Mona Lisa Production (mro); Eye of Science (mlo); BSIP VEM (ul, mu); Steve Gschmeissner (mru). 88 **Alamy Images:** Robert Pickett / Papilio (mr); Jeff Rotman (m). **Getty Images:** Panoramic Images (ml). 89 **Alamy Images:** blickwinkel / Hartl (ml); Frans Lanting Studio (m). 90 **Alamy Images:** blickwinkel / Patzner (ml). **Corbis:** Kevin Schafer (mr). 90–91 **NASA:** NOAA. 91 **Dorling Kindersley:** Jamie Marshall (ur/Sand); Natural History Museum, London (ur/Pfeilschwanzkrebs). 92 **Dorling Kindersley:** London Planetarium (gor). 93 **NASA:** JPL (mlu, mru); JPL-Caltech (mglu); USGS / Tammy Becker and Paul Geissler (mgru). 94 **Dorling Kindersley:** Natural History Museum, London (ml).

Cover: *Vorn:* **Alamy Images:** Brand X Pictures mgu (Käfer). **Dorling Kindersley:** Peter Minister - modelmaker mur (Pilz); Natural History Museum, London mo (Falter). **Getty Images:** Photographer's Choice / Haag + Kropp GbR / artpartner-images.com gugrr (Blutzellen).

Weitere Informationen unter www.dkimages.com